LA POMONE DÉLIVRÉE

MÉTHODE NOUVELLE

D'ARBORICULTURE FRUITIÈRE-ORNEMENTALE

NE TAILLEZ PAS

VOS ARBRES

CONDUISEZ-LES !

ou

LA POMONE DÉLIVRÉE

MÉTHODE NOUVELLE

D'ARBORICULTURE FRUITIÈRE-ORNEMENTALE

ACCOMPAGNÉE DE 6 PLANCHES ET SUIVIE D'EXCURSIONS SCIENTIFICO-FANTAISISTES
DANS LE DOMAINE DE LA PHILOSOPHIE, DE L'HISTOIRE NATURELLE
ET DE LA GÉOGRAPHIE

PAR M. LE DOCTEUR G. VEYRET

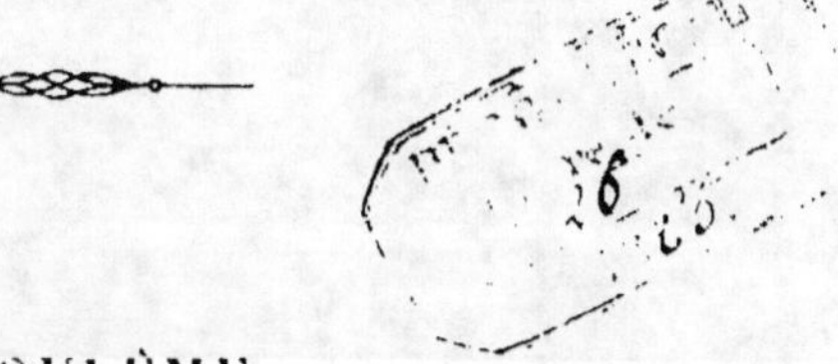

ANGOULÊME
NOUVELLE IMPRIMERIE QUÉLIN FRÈRES
RUE DU MINAGE, 20

1865

L'AUTEUR

A MONSIEUR ALPHONSE KARR

PHILOSOPHE JARDINIER A NICE

Monsieur,

Je n'ai point l'honneur d'être connu de vous, ni
même de vous connaître personnellement, bien que
vos terribles *Guêpes*, au temps où elles bourdonnaient,
m'aient procuré de bien délicieux réveils à l'issue de
lourds sommeils gagnés aux cours narcotiques de Riche-
rand et Duméril ; mais vous êtes logicien prime-sautier
et aussi un peu jardinier, dit-on ; moi, j'ai la prétention
de me croire très fort jardinier, et je m'efforce d'avoir
l'esprit juste, la pensée honnête et l'action conséquente,
c'est-à-dire que je tâche d'être philosophe. C'est à ces
considérations, mais sans le moindre atome d'un rapprochement présomptueux quelconque, même inten-
tionnel, que je me permets de vous écrire.

On n'a pas tous les jours, Monsieur, plein les mains
de découvertes utiles à offrir au public, du moins

chez nous. Vingt ans durant, j'en ai cherché de bien des côtés : rien ou presque rien !!! Ou, si j'en ai entrevu quelqu'une, c'était de celles qu'il n'est pas permis à un homme seul de faire triompher. De découragement, je me suis mis à planter mes choux ; cela faisant, il m'en est tombé sous la main une petite, dans l'ordre des plus petites ; mais enfin, il est des êtres très finis parmi ceux aux proportions les plus microscopiques. Après m'être assuré que celui de ces petits êtres qui tombait par hasard sous le foyer de ma lentille était bien complet, vivant et viable, émerveillé de cette bonne aubaine si nouvelle pour moi, j'aurais presque couru les rues à l'état de nature pour l'annoncer au public.

Il y a quelques trois ou quatre ans, une petite commission agricole faisait ses pérégrinations cantonnales par ici ; comme le petit nouveau-né était ou s'appelait *Une Méthode nouvelle d'Arboriculture fruitière-ornementale*, je pensai ne pouvoir lui trouver de parrains plus convenables que ceux que le ciel m'envoyait. et je leur présentai l'*enfant* pour qu'ils voulussent bien le tenir sur les fonts de baptême. — On me demanda l'étendue de mon jardin, le nombre de mes arbres ; on me loua beaucoup d'en avoir réuni un aussi grand nombre dans si peu d'espace (plus de deux cents dans quatre ares) ; on me complimenta sur une foule de choses dont je n'avais point le mérite de l'invention. Je fus glorifié en séance publique pour le nombre et la multiplicité de mes plantations ; mais de la *Méthode*, point !!! Les arbres les avaient empêchés de l'apercevoir ! « Mais, s....bleu, m'écriai-je mentalement, ce n'est pas là l'affaire; où j'en ai mis deux cents, j'en pouvais mettre mille! Allons, ces gens-là se gaussent de moi; le Français est un peu Gaulois; l'enthousiasme des autres lui déplaît, et c'est *gauloisement* qu'il veut qu'on lui parle. » Et aussi gauloisement que je le pus, je me mis à raconter, à mon tour, mes découvertes et mes impressions de voyage autour de mon jardin, ce dont j'adressai un échantillon à un journal proche. O *saint Guignon!* il fallait que j'eusse oublié d'apaiser tes mânes, car tu m'aurais averti que je faisais fausse route, et que le *premier-Paris* n'entend pas qu'on plaisante à côté ni même au-dessous de lui, bien qu'il tienne, à son rez-de-chaussée, antichambre pour la niaiserie et la farce, mais pour la niaiserie et la farce pures, sans rien dedans ni avec.

L'étude fait oublier bien des choses; je me remis à étudier. Il y a quelques semaines, j'entends parler d'une exhibition agricole, fruitière, etc., etc., à mon chef-lieu de département. Maraîchers, ornateurs de jardins, etc., etc., y sont conviés : je me décide, je taille, vite à la hâte, dans quelques guenilles, une toilette à l'*enfant*, et je l'envoie, en me disant : « Peut-être bien que la *petite* pourrait revenir à quelques-uns. » Mais avant je lui passai par-dessous une bonne petite cuirasse bénite avec un peu d'eau de *logique* (petit fleuve dont il ne passe ici qu'un tout petit filet, mais qui coule à pleins bords chez vous), eau bien supérieure à celle du Styx, et qui aura la propriété de la rendre, non pas inattaquable, mais invulnérable à tout, à tous, en tous temps, en tous lieux. Je l'envoyai donc : des beaux

Messieurs des commissions la regardaient d'un air...;
d'aucuns lui faisaient niche, la prenant pour une autre;
le public l'agréait assez... Il fut dit, il fut fait d'elle,
à elle, à côté, derrière, autour d'elle, toute espèce de
choses... Une surtout frappa le *papa :* « Pourquoi n'a-
t-il pas imprimé? » Il la prit au pied de la lettre; il
imprime aujourd'hui, et c'est à cette occasion, Monsieur,
qu'il prend la liberté de vous adresser cette trop longue
et trop courte lettre, pour solliciter de vous la faveur et
l'honneur d'écrire votre nom en tête de son livre, avec
ces quatre mauvais vers de sa façon :

Karr. prenez par la main
Ma Pomone chérie;
Jamais enfant obscur n'eut plus noble parrain !
A vous je la dédie.

Avec lesquels il a l'honneur d'être votre serviteur
respectueux.

Dr G. VEYRET.

Montemboeuf, le 16 septembre 1864.

MONSIEUR ALPHONSE KARR

A L'AUTEUR

MONSIEUR,

Votre très obligeante lettre m'arrive en Espagne, chez mon frère, dans ses forges, où il serait plus facile de réunir 50,000 kilogrammes de fer qu'une plume et du papier.

Je vous réponds à la hâte. J'accepte avec reconnaissance le titre de parrain que vous m'offrez si gracieusement.

Salut cordial.

A. KARR.

5 octobre 1864.

AU LECTEUR

L'exposé des principes de la nouvelle méthode d'arboriculture
fruitière que l'on va lire, rédigé à la hâte pour la solennité agricole charentaise du 27 dernier (août 1864), sur des notes colligées
pour un plus grand travail, n'était point destiné à être imprimé,
du moins dans sa forme et ses proportions actuelles; mais les évé-
nements qui se sont passés à cette époque ont rendu indispensable
sa publication à bref délai (A). En effet, quelques jours avant, l'au-

---

(A) ... Des circonstances de mauvaise santé, qui ont presque toujours pesé sur
nous depuis ce temps, ou sur quelqu'un des nôtres, nous ont forcé à prolonger
ce délai bien au-delà de nos prévisions; et peut-être notre publication aura-t-elle
déjà perdu beaucoup de son opportunité. En effet, nous avons lu dans le *Moniteur*
du mois de mars dernier (1865), un compte-rendu élogieux d'un ouvrage d'arboriculture d'un auteur de Toulouse, où il est question de faire varier alternativement la direction d'une branche charpentière, comme moyen de modérer l'élan de
la sève vers son extrémité; sans doute autre chose est d'entrevoir l'utilité d'un
procédé, et d'en conseiller l'emploi, et autre chose, c'est de l'avoir élevé au rang
de principe général et absolu, et y eut-il eu simultanéité d'idées entre l'arboriculteur toulousain et nous, ce qui n'est pas probable, et non antériorité des nôtres
sur les siennes, certes, il y a loin de la simple indication qu'il a donnée, et sub-
sidiairement encore, du procédé en question, à la conception d'une doctrine complète basée sur lui, à la formule absolue que nous en avons déduite, et à l'usage
exclusif que nous en faisons depuis sept ans. Toutefois, si l'honneur de la priorité
d'un progrès et d'une découverte n'échappe pas au département de la Charente,
ça n'aura pas été la faute, ni de la presse locale, ni de ses comices agricoles, ainsi
qu'on l'a vu par ma lettre à M. Alphonse Karr, et que le démontrera la suite de
cet exposé. . . . .

leur avait écrit à M. le secrétaire de la Société d'agriculture pour lui demander l'autorisation d'exposer cette nouvelle doctrine; il fut parfaitement expliqué dans cette demande qu'il n'entendait point entrer en concours pour une prime ou une mention officielle quelconque, mais qu'il désirait seulement profiter de cette occasion d'une nombreuse réunion pour mettre sous les yeux du public une chose nouvelle qu'il croyait utile.

Comme il ne reçut aucune réponse à ce sujet, il dut croire que son exposition était acceptée dans les conditions qu'il l'avait offerte; car s'il eut dû en être autrement, il était évident pour lui que les mandataires de la Société eussent regardé comme une obligation de l'en prévenir, ou que si, par oubli, cette réponse n'ayant pas été faite, on n'eut pas dû manquer de l'avertir, au moment de la présentation de ses produits, qu'ils ne pouvaient franchir l'enceinte réservée sans être censés faire partie du concours et tomber par conséquent sous le coup d'une appréciation officielle des commissions. L'auteur eut été libre alors de prendre le parti qu'il eût jugé convenable; mais il n'en fut rien, et il lui fut assuré, même à ce moment, qu'il exposait hors concours, selon son désir. Aussi, fut-il un peu surpris, lorsqu'au moment de la proclamation des lauréats une personne autorisée vint lui dire qu'on allait porter de son œuvre un jugement favorable. Lui, de se récrier qu'il n'exposait que pour le public amateur et hors concours, ainsi qu'il en avait été convenu. La personne en question de répartir : « Que les commissions faisaient également partie de ce même public, » et l'auteur de répondre : « Alors, Monsieur, ayez l'obligeance de faire comme le public et de vous former une opinion individuelle, mais n'exprimez point une appréciation collective et officielle; vous n'avez pas le droit de me décerner une mention quelconque, dès l'instant que je n'ai pas concouru. » Rien !!! J'étais engrené, il fallut y passer; il me fallut entendre proclamer que : « L'auteur avait exposé une méthode nouvelle d'arboriculture, mais que cette découverte avait besoin d'être expérimentée pour que l'on put apprécier sa valeur. » Dois-je m'en plaindre ? Non, sans doute, puisque l'on a pris date pour moi et constaté que cette méthode est bien réellement nouvelle, puisque, d'après leur appréciation même, elle serait encore à expérimenter; et mal venu sera-t-on plus tard à dire qu'on avait déjà trouvé quelque chose de semblable et à en invoquer la priorité. Je ne dois point m'en plaindre: mais j'aurais dû m'en douter. Les présages ne m'avaient point fait défaut : depuis le commencement, il se passait autour de moi quelque chose de singulier; j'entendais prononcer mon nom par des personnes qui ne me connaissaient point, je me voyais désigner du doigt par d'autres que je n'avais jamais vues. On disait : « Les jardiniers n'accepteront jamais cela. » Le premier qui me tint ce langage fut une personne à qui j'avais confié mes écritures pour les faire placarder sur carton. « Monsieur, me disait cette personne de bonne foi, si votre méthode est bonne, c'est la mort des jardiniers. » « Vous vous trompez, Monsieur, l'établissement des chemins de fer n'a point tué les chevaux, comme on le prétendait d'abord : seulement ils ne sont plus indispensables pour aller de Paris à Pétersbourg, bien qu'ils soient encore très utiles pour venir de Montembœuf à Angoulême : de même des jardiniers. Le goût et le besoin des arbres fruitiers augmentant avec la facilité d'en obtenir, les jardiniers seront toujours utiles pour cultiver ceux des propriétaires qui n'auront ni le temps ni le goût de le faire par eux-mêmes; mais à partir d'aujourd'hui, ils ont cessé d'être indispensables; et c'est là la vraie portée de la méthode nouvelle, comme c'était aussi son but. » D'autres disaient : « Mais c'est impossible *cela*. » — Pourquoi? Vous ne pouvez alléguer d'autre motif d'incrédulité sinon que *cela* est trop simple et trop facile à faire. Mon admiration ne croît point pour une science ou pour une chose enseignée en proportion de la difficulté qu'elle oppose à mon intelligence pour la comprendre ou à ma main pour l'exécuter. On disait encore, en parlant des croquis de quelques-uns de mes arbres que j'avais fait figurer à la suite de l'exposé de ma méthode pour en faciliter la conception : « Est-ce que cela porte des fruits? » — Sans doute que cela en porte, aurais-je pu répondre; il me serait aisé de vous en montrer quelques-uns que j'ai apportés, mais non pour les exposer. — Je m'estime heureux de n'avoir pas cédé au désir de tenir une semblable conduite; elle n'eut eu pour résultat que de m'occasionner le désagrément de m'entendre faire l'insulte gratuite que ces fruits ne devaient point provenir de mes arbres, sans qu'on se donnât la peine de me faire connaître de quelle autre provenance il m'eût été possible de les tirer.

Il m'est revenu qu'un de mes amis, pour mettre fin à des suppositions offensantes pour ma sincérité et colportées avec intention, aurait avancé que j'étais prêt à mettre un enjeu de *vingt mille francs* que les croquis exposés avaient leurs représentants sur nature. Merci à cet ami; il ne risquait point d'être désavoué; c'était parfaitement connaître ma manière de convaincre les incrédulités préméditées.

On m'abordait en disant et sans avoir pris connaissance de l'exposé de la méthode : « Comment *pincez-vous?* » — Hélas! Chacun pince comme il peut ou comme il lui plaît, et je ne m'y oppose nullement; mais pour mon compte, après avoir pincé long je pince court aujourd'hui, parce que je le trouve plus commode, plus expéditif et d'un résultat non moins satisfaisant; je fais plus simplement même : *Je tonds avec des ciseaux.* « Vous tondez! Mais vous exposez singulièrement vos fruits à être échaudés! » Il y a longtemps que l'auteur a cessé de se regarder dans la glace; mais il faut qu'on lui ait trouvé un air bien ... singulier, pour oser lui adresser une semblable objection. Dois-je être affligé de toutes ces petites mésaventures? Non certes. « Mais pourquoi tenez-vous donc tant à être considéré hors concours? » Avant de répondre, je demanderai pourquoi, quand nous nous étions placé hors de la lice, on tenait tant à nous faire passer sous les Fourches Caudines d'une mention honorable, tandis que d'autres exposants qui eussent été bien satisfaits d'un rappel quelconque, si modeste qu'il fût, étaient complétement passés sous silence? Maintenant nous répondons : « Les primes et les mentions peuvent convenir aux découvertes qui croient avoir besoin de cet appui pour intéresser, et dont les auteurs recherchent pour leurs travaux d'autres récompenses que la satisfaction de les voir profiter au public. Pour la nôtre, qui puise l'ardeur et nous pouvons dire l'enthousiasme de sa propagande dans le seul mobile de se croire utile et qui pense pouvoir s'adresser au public en disant : « Voyez ceci; essayez-en; si vous n'en n'êtes pas satisfaits, jetez-le de côté et que tout soit dit, » elle ne saurait convoiter l'intermédiaire d'une ovation officielle (A). d'autant mieux que nous n'ignorions point que les commissions n'auraient pas le temps de lire et ne liraient pas l'exposé des principes

---

(A) Quand on conserve du doute sur la valeur d'une découverte, on peut et l'on doit la soumettre à l'appréciation de personnes censées compétentes, pour en décider; mais quand on est sûr, enlevé par la conviction, on dit au public : « Voici ce que j'ai découvert, c'est vrai, c'est certain, je vous le livre ». Colomb ne demanda point aux aréopages de son temps de décider si c'était bien un continent qu'il avait découvert ; il dit : « J'ai découvert un continent. » Kepler, bien qu'il n'eût aucune preuve physique de la vérité des lois qu'il avait découvertes, savait qu'elles étaient vraies, parce qu'il *sentait* que le contraire ne pouvait pas être, et il ne demanda point aux savants de son siècle la sanction de leur approbation. Il dit : « J'ai volé le secret d'or que Dieu tenait caché depuis 6000 ans dans les cieux. » Sans doute, à côté de celles de première grandeur de ces hommes immortels, ma découverte est infiniment petite et thélescopique; mais elle reluit de la même lumière de vérité, de la même vérité consistante et absolue, vue à distance convenable. Elle est vraie, parce qu'il est impossible que le contraire des principes dont elle découle soit vrai. . . . .

de la méthode (A), qui étaient seuls en cause, et non les figures
que nous avions jointes à l'appui et que l'appréciation qu'elles en
porteraient, ne pouvant être basée hors de là que sur des rensei-
gnements insuffisants pour entraîner la conviction dans leur esprit,
revêtiraient évidemment une forme dubitative et n'auraient d'autre
résultat que de faire naître l'indifférence chez ceux qui ont coutume de former leur opinion sur celle d'autrui (1). Voilà pourquoi
nous insistions pour conserver notre place hors concours. « Mais
pourquoi n'avez-vous pas demandé ou accepté de faire visiter votre
jardin et vos arbres par une commission d'experts qui eût pu
juger votre découverte sur vos produits et ensuite aider à sa propagation? » J'ai été médecin, et, comme tel, j'ai fait prendre bien
des remèdes dont l'imperfection dans la forme apparente et l'en-
robement eut fait hausser les épaules de dédain à plus d'un phar-
macien qui eût condamné mon traitement, sans tenir compte
de la rationalité et de l'opportunité du médicament. Je sais bien
que le fini des détails et de la main-d'œuvre n'est point à dédaigner; mais principalement préoccupé des indications capitales à remplir, je le faisais avec des moyens, laissant souvent quelque chose
à désirer sous le rapport de la correction, du *modus faciendi:* de
même ici, préoccupé de rechercher des lois pour la bonne conduite des arbres fruitiers, lorsque je les ai trouvées, je donne des
préceptes, peu attaché à produire moi-même la perfection que j'enseigne à obtenir; je fais de l'arboriculture, je le répète, pour trouver le moyen d'apprendre aux autres à bien conduire leurs arbres:
je ne donne aux miens que des soins interrompus et par boutade
et tant que j'y ai du goût, les laissant quand cela ne m'amuse plus,
n'ayant point l'idée d'en faire des œuvres d'exposition. Or, le jardinier ou l'amateur est nécessairement porté à juger du mérite

---

(A) Il m'a été donné d'assister un certain nombre de fois à des expertises de
commissions de ce genre. Je n'ai jamais pu me rendre compte pourquoi celles-ci
s'arrangent toujours de manière à paraître si pressées ; elles ont l'air de n'avoir
jamais le temps ; on dirait que ce n'est point la chose actuellement soumise à leur
appréciation qui fait partie de celles en vue desquelles elles ont été constituées,
ni celle d'avant, non plus celle d'après; mais quelqu'autre éloignée, qu'on ne voit
pas, mystérieuse, qui les attend, qui les appelle, les presse et à qui leur temps
appartient. On avait du temps avant, on pourrait en avoir après; mais dès l'instant que l'on entre en travail et fonctionne, marcher n'est plus reçu, c'est courir
qu'il faut!... Or, que l'on y songe, les produits venant à pouvoir croire qu'ils ne
peuvent plus se considérer comme le *but* pour les commissions, mais comme une
simple *occasion*, le goût et la solennité des concours baisseront, et l'on pourra
dire que *cela aura tué ceci.*

d'une méthode de culture par le brillant de l'aspect, l'ordre de l'ensemble, le fini de la main-d'œuvre de chaque chose, et jusqu'à l'étendue, jusqu'à la tenue de toutes les cultures et au ratissage des allées; tout pèse, tout compte dans son jugement. Un maître d'écriture eut condamné sans sourciller et de bonne foi les œuvres de Chateaubriand sur manuscrit.

Si vous étiez l'auteur d'une découverte dont vous ne voudriez retirer d'autre bénéfice que le mérite d'en avoir été l'inventeur et la satisfaction de la voir profiter à vos semblables, d'un système de chronométrie par exemple, tellement perfectionné que vous puissiez dire avec assurance au public : « Voyez, faites ceci, vous aurez un chronomètre parfait: vous pouvez le faire vous-même, le monter vous-même, le régler vous-même, le réparer vous-même, » voudriez-vous confier la destinée de votre découverte au jugement des horlogers, et abandonner le soin de la propager au zèle et au bon vouloir d'orfèvres ayant un vieux matériel d'horlogerie à écouler ? Tous ces hommes vous diraient : « Ce que vous nous montrez-là est contraire aux principes de l'horlogerie; il n'y a ni cylindres ni échappements à ancre, ni garnitures, ni montures en rubis, ni boîtiers en or, ni socles en marbre, cela ne fait aucun effet, cela doit être très mauvais. » Et leur jugement, leur jugement public du moins, serait que vous n'entendez rien à la chronométrie. Voilà pourquoi je n'ai pas voulu d'une commission pour visiter mon laboratoire fruitier, où bien du monde est entré déjà, et que tout le monde pourra toujours visiter individuellement; mais les commissions, grand Dieu! eh! quel cas en feraient-elles, lorsqu'elles n'ont pas trouvé les principes de la méthode dignes d'être lus et pesés?.... Que si l'on eut daigné lire ou se laisser lire les principes de cette méthode on se fut assuré s'ils étaient vrais et si les conséquences qu'on en tirait étaient légitimes. Si ces principes étaient vrais et les conséquences logiques, la chose pouvait donc être au moins vraisemblable ; étant vraisemblable, elle était possible: étant possible, l'auteur, à moins de la plus effrontée imposture de sa part, prouvait qu'elle était réelle au moyen des plans et des croquis pris sur nature qu'il fournissait à l'appui, et c'est alors et dans ces conditions, mais dans ces conditions seulement, qu'une vérification sur nature eut pu être proposée et acceptée, qui eût porté à son comble la certitude des uns ou la confusion de l'autre. Il n'eut plus été possible d'avancer qu'il y avait lieu à expérimenter, l'expérience étant faite non seulement par l'auteur depuis plus de sept ans, mais encore par un certain nombre d'autres qui marchent à son imitation (1).

On dira : « Vous attaquez le jugement des commissions, vous manquez de révérence à vos juges. » — Je serais désolé de manquer de révérence envers qui que ce soit et je doute que cette supposition soit prouvable (A). Mais d'abord je n'avais point de juges, ou plutôt j'avais tout le monde pour juge, et pas d'autre spécialement, puisque je ne concourais pas; ensuite y eût-il eu concours, des examinateurs ne sont pas des juges proprement dits; il y a ici une impropriété de mots qui donne lieu à des idées fausses : le juge fait une application d'un article de loi à une faute ou à un crime; le cas était prévu et la peine indiquée; cela, c'est un jugement, et on lui doit soumission sans réplique; mais un exposant n'est point un coupable, les examinateurs ne sont pas des juges; leurs décisions ne sauraient avoir force de chose jugée hors de leur enceinte, et ne peuvent être considérées que comme un guide pour l'opinion publique; mais nul n'est tenu de s'y conformer. Ce qu'ils ont couronné de lauriers peut parfaitement être dédaigné, et ce qu'ils ont blâmé être remis sur le pavois et glorifié... Bien malheureux, en effet, ce serait pour le progrès et l'humanité qu'il suffît d'un jugement, puisque jugement il y a, d'un jury ou d'une corporation de savants pour dire à toute découverte qui n'aurait pas été approuvée par eux : « Tu n'iras pas plus loin, tu n'as plus le droit de te relever et de chercher à te propager. » — Pas une ou à peu près de celles dont l'humanité s'honore et profite n'eut échappé à cet ostracisme. Enfin, on a dit: « Ces arbres peuvent-ils durer? » — Sept ans d'existence et de bonne santé, et pour quelques-uns d'entr'eux quatre ans de produits au maximum, c'est déjà quelque chose ; mais dites-moi d'abord si vos arbres, dont vous refoulez la sève à tour de bras en leur faisant subir des mutilations énormes, peuvent avoir des prétentions et des chances à une longévité supérieure à celle des nôtres dont les branches charpentières, toujours respectées, s'allongent et s'enroulent sans efforts à l'appel d'une main amie? Certes la méthode nouvelle a vaincu, mais la mauvaise foi osera le nier et cherchera par tous les moyens à détourner l'attention du public de la source dont elle émane, et même cherchera-t-elle peut-être à faire mentir l'histoire. Pour mettre les choses à leur véritable place et n'être pas le jouet des coteries, il n'y aurait pour l'homme impartial qu'à porter ses regards sur tous les systèmes de tous les

---

(A) Je constate la manière de procéder de l'esprit humain, et je cherche à éviter de tomber sous le coup de ses erreurs, voilà tout.

auteurs, afin de découvrir les sources des idées qui gouvernent aujourd'hui la science. Bientôt on ne niera plus, nous le savons, mais on nous supposera aveuglément asservi à l'usage de certains moyens, et l'on donnera à entendre que l'on agit contradictoirement à ceux que nous préférons en usant des autres; toutefois, comme les nôtres, même à leurs yeux, peuvent être utiles, ils les adopteront en prenant soin d'y ajouter quelque chose que, suivant eux, la méthode nouvelle se garderait bien de prescrire. Telles seront dans peu les petites manœuvres à l'ordre du jour dans les coteries. Il faudra surtout, en tirant parti de nos idées, quand on aura eu le bon esprit de s'en pénétrer, éviter de se servir de notre langage; sans cette précaution, nul moyen, selon leur opinion, de parvenir à la perfection et à la renommée qu'elle donne.

On s'expose sans doute, dans ces efforts de travestissements, à des contradictions choquantes, on se rend même coupable d'imposture, mais qu'importe !

Tels sont les hommes que la publication de notre découverte nous donnera pour adversaires; mais elle aura pour appui les hommes studieux, intelligents et justes, qui ont la conscience de lire et d'analyser une œuvre de principes avant de rendre public leur jugement, et dont la critique, fut-elle sévère, a constamment pour but l'avancement de la science.

Ceux-là, je le proteste, auront des droits à ma reconnaissance, et profiter de leurs avis sera pour moi un devoir doux à remplir.

Que les célébrités prétendues, qui font consister leur gloire dans la routine, en affichant une indépendance aussi ridicule en fait de dogme qu'elle est impossible, trompent la bonne foi, la simplicité ou la paresse du public étranger à la science, et se fassent décerner des ovations qui ne sont dues qu'au vrai mérite, que m'importe à moi, qui depuis que j'existe ai fait le serment de ne servir que la vérité, dussé-je être toujours dans le camp du vaincu ! Ces prétendus savants, dont la routine fait tout le mérite, ont déjà dit en lisant ces lignes et se proposent d'écrire sans doute au plus vite, que le dépit de n'avoir pas été glorifié comme je croyais devoir l'être me fait tenir ce langage; je ne puis mieux leur répondre qu'en les renvoyant au texte de la lettre de demande d'admission que j'avais adressée au secrétaire de la société (A);

(A)... « Je n'entre point en lice pour une prime ou une récompense quelconque, etc., etc... Je désire seulement profiter de l'occasion d'une grande réunion pour mettre sous les yeux du public une chose que je crois utile, etc., etc., etc. »

qu'ils lisent donc, et qu'ils voient si je suis mu par la passion des ovations et des récompenses. La nécessité de m'assurer la découverte nouvelle, la crainte assez bien fondée où je suis qu'on ne dénature mes idées, et surtout l'intérêt de l'arboriculture, m'ont décidé à publier cet exposé de principes généraux qui a figuré en placard à la réunion du 27 dernier, mais qui n'a été lu que par un petit nombre ; et je le fais sans m'arrêter à calculer tous les désagréments qu'il peut attirer sur moi ; je sais que je blesse bien des amours-propres, et que le motif d'être utile ne me servira point d'excuse auprès de bien des gens ; on se plaindra du défaut de respect pour certaines autorités révérées, on s'indignera, on cherchera à m'humilier : j'ai tout prévu, rien ne m'arrête.

Puis-je ignorer que tous les hommes qui ont voulu éclairer leurs concitoyens ont été cruellement éprouvés, et que les découvertes les plus utiles ont excité les murmures de la multitude irréfléchie ?

Depuis le premier martyr légendaire, condamné à avoir le foie dévoré par un vautour pour avoir dérobé un secret aux dieux ; depuis Socrate buvant la ciguë pour avoir annoncé l'immortalité de l'âme : depuis Galilée emprisonné et humilié pour avoir arraché un secret à la mécanique du monde : depuis André Vésale mourant de faim sur son rocher pour avoir voulu faire avouer à la nature le mystère de la composition de l'homme, jusques aux marchands de sabots des légendes imaginaires d'Alphonse Karr lapidés par ceux qui n'avaient jamais marché que nu-pieds, et qui à-leur tour massacrèrent ceux qui voulurent leur enseigner à remplacer les sabots par des souliers, tous les novateurs y ont passé !...

Sans doute le même acharnement forcené d'autrefois ne s'attache point aujourd'hui après les découvertes nouvelles, et la nôtre d'ailleurs, par son infimité même, n'était point exposée au douloureux honneur de si glorieuses infortunes ; mais on lui mesurera les tracasseries aux petites proportions de son importance, et je ne me flatte point d'échapper au sort commun. Peut-être même verrai-je au nombre de mes détracteurs des hommes que j'estime et qui m'ont honoré de leur amitié : j'y serai très-sensible, mais je sacrifie tout au désir d'être utile et à l'indignation que m'inspirent tous ces moyens barbares et irréfléchis que l'on prodigue aux arbres et à la nature, au lieu de les comprendre et de les diriger.

Je n'ai point cru devoir adoucir ma critique par des éloges accordés à la célébrité : j'aurais manqué mon but en inspirant trop de confiance pour des enseignements et des pratiques qui ne sauraient être conseillés sans danger à ceux qui n'ont pas été prémunis contre les erreurs qu'ils renferment. Je ne dis pas qu'il ne s'y trouve rien de bon, et je désire qu'on en profite; mais le ton de suffisance de leurs auteurs et l'obstination qu'ils mettent à s'opposer à la recherche de la vérité, méritaient qu'on les fit rentrer en eux-mêmes. Un jour, ils seront appréciés, et le temps, en les mettant à leur place, fera applaudir peut-être à ma résolution; mais ce dernier motif n'influe en rien sur ma conduite; je ne suis point possédé pour une si petite découverte de la chimère de l'immortalité : je désire rendre des services autant que mes moyens et mes facultés me le permettent; je ne suis nullement affligé par l'idée que d'autres en rendront de plus considérables et m'obscurciront avant ou après ma mort. Mon but est de mettre l'arboriculture à la portée de-tous ceux qui voudront conduire eux-mêmes leurs arbres; et pour ceux qui veulent les confier à autrui, de former des jardiniers d'une pratique plus heureuse, plus inventive et moins coûteuse que celle des systématiques à la mode. J'y parviendrai, j'en suis sûr, parce que depuis bientôt sept ans j'ai coutume d'y parvenir; parce qu'aucun de ceux qui m'ont entendu et qui m'ont vu pratiquer n'a résisté à la force de la vérité. J'ose espérer d'en élever un assez grand nombre pour susciter à l'erreur des ennemis qui finiront un jour par la détruire.

Les gens qui n'ont coutume de prononcer le nom de progrès que par spéculation me supposeront des intentions pareilles aux leurs; ils seront appuyés par certains praticiens ou amateurs qui ont leurs raisons pour soutenir que la théorie et la logique sont indifférentes à la conduite des arbres fruitiers. Je les attends, pour leur répondre, dans mon laboratoire d'arboriculture, dans les jardins de ceux de leurs confrères qui ont commencé à opérer d'après les régles de ma méthode. Il y a plus, j'en appelle à leur conscience, s'ils ont le courage de profiter de mes avis dans les jardins de ceux qui les confieront à leurs soins; et je prédis à ceux qui, par défaut de conviction ou entêtement, refuseront de suivre la nouvelle méthode, qu'avant trois ans, ils se trouveront à la queue du progrès au lieu d'être à sa tête, tout en étant réduits, à leur confusion, à faire eux-mêmes ce qu'ils ont blâmé et proclamé impossible, à moins qu'ils ne se retirent entièrement de la lice. Je lis dans la pensée de mes détracteurs; plus d'une fois ils ont senti l'insuffisance de leur doctrine qu'on leur a si laborieusement inculquée, *difficiles habuere nugas;* mais ils se sont mis en avant; ils ont loué, écrit, enseigné ou produit quelque chose; ils croient leur honneur intéressé à défendre une cause qu'ils savent bien être mauvaise ; c'est assez pour m'en faire des ennemis. (A).

Je le répéte ici : mon admiration ne croit point en raison de la difficulté de comprendre les choses que l'on m'enseigne et des tours de force de celles que l'on exécute devant moi. Le trait caractéristique d'une bonne pratique se puise dans la physiologie végétale ; la vraie science part d'un point évident, axiomatique, et, cheminant entre l'analogie d'une part et la logique de l'autre, arrive toujours sans efforts à un but certain et prévu.

Formez un tableau aussi vrai qu'animé de la résolution obstinée de l'arbre à rester maître de sa destinée, de la résistance énergique et des difficultés sans nombre qu'il oppose à une main violente à se laisser réduire de proportions, et à subir des formes mal équilibrées ; montrez-moi en regard les mille et une transformations auxquelles il se laissera assouplir, sans rébellion, à l'appel d'une main guidée par une intelligence ; débrouillez-moi par une savante analyse les liens étroits qui rattachent entr'elles ces diverses transformations, lorsqu'elles semblent avoir à peine quelques rapports éloignés ; dirigez mon attention sur le générateur commun dont elles dérivent comme d'une même source ; frappez mon esprit par la simplicité de vos procédés, alors j'avouerai que vous êtes un homme de génie ; mais tant que vous ne ferez qu'engager avec la nature une lutte forcenée où elle succombe terrassée par vos moyens violents, mais non soumise ; tant que vous vous bornerez par les méthodes les moins logiques, les procédés les plus barbares, les moins justifiables et les plus onéreux, à contraindre vos arbres à prendre des formes au hasard, sans suite, sans liens de famille et sans rapports entr'elles ; tant que vous n'aurez fait que cela, dis-je, quels que soient le grandiose et la perfection où vous ayez atteint ; quelle que soit l'énormité de vos tours de force en ce genre, je dirai que vous n'êtes qu'une main....., une main exercée et terrible, si vous y tenez, mais que vous n'avez rien compris au divin livre de la nature qui est aussi plein de logique et de simplicité que de grandeur ; que vous n'êtes point fait pour juger vos maîtres ; que votre place est au second plan, et vos coups d'épingle ne me feront pas plus que les déclamations de vos aveugles partisans.

Nous n'avons rien changé a l'exposé de notre méthode, nous le

---

(A) Ne croirait-on pas, dans ces brûlantes pages un peu mutilées par nous pour les approprier à notre circonstance, lire un chapitre textuel du livre du destin, où est écrit le sort de tous les novateurs passés et à venir ?

reproduisons textuellement, tel qu'il a été placardé le 27 août dernier, et malgré ses nombreuses imperfections et ses lacunes. Nous n'avons pas même voulu essayer de toucher à ses imperfections littéraires, bien que nous sachions que plus d'une d'entr'elles aient été prises à parti par le plus spirituel de nos compatriotes pour les servir à sa manière à ses lecteurs désopilés. Nous avons seulement complété quelques descriptions, ajouté quelques figures et la description de quelques autres formes qui sont en voie de création. Nous aurions pu en ajouter bien d'autres qui ne sont qu'à l'état initial, et même d'autres encore à l'état de simple conception ; mais chacun, en s'inspirant des principes de notre méthode et au moyen de notre *générateur*, pourra en inventer et en créer à sa guise ; la clef est donnée, il n'y a qu'à ouvrir cet intarissable écrin pour y puiser à pleines mains ; on n'aura que l'embarras du choix....

Allons, pauvre petite découverte, qui brûlais du désir de te donner, prends ton bâton de voyage et va vendre tes faveurs, puisqu'on n'en veut pas pour rien ; peut être auront-elles plus de charmes ainsi !

Montembœuf, 30 août 1864.

Post-Scriptum. — Beaucoup de personnes, dès ces premières pages, auront déjà trouvé ce livre prétentieux, niais et ridicule ; et bien plus le trouveront-elles ainsi, si elles vont jusqu'au bout : ce sont les gens sérieux, comme les appelle Alphonse Karr ; c'est permis, c'est forcé même ; on n'est point maître de sentir autrement que l'on ne sent, et le jugement intérieur porté sur une sensation qui s'impose, s'impose comme elle. On dira que le langage, que l'auteur affecte d'y prendre la plupart du temps, cache la nécessité où il s'est trouvé de tourner par ce biais la difficulté de dire convenablement les choses d'une manière simple... C'est possible !

Quelques-uns trouveront peut-être bien aussi que le livre renferme une partie scientifique de quelque valeur, mais qu'elle est ensevelie et étouffée au milieu de deux autres purement phraséologiques, remplies de lieux communs mal rendus et de récriminations fastidieuses, sans intérêt pour le lecteur... C'est vrai ! j'en conviens ; j'ajouterai même que beaucoup de ces choses ne sont intelligibles que pour les personnes du pays, et que même quelques-unes n'ont réellement de signification que pour un petit nombre de ceux qui assistaient à la réunion du 27 août ; mais il m'importait, à moi, de les dire et il ne m'était pas commode de les dire mieux, je n'ai pas d'autre excuse. Je dirai seulement en manière de circonstances atténuantes, que si chaque auteur faisait avec bonne foi l'abandon de tout ce qu'il a écrit en dehors de ce qui était strictement nécessaire au lecteur, et pour sa propre satisfaction particulière, ce serait tout de suite un volume et demi sur deux à supprimer de toutes les bibliothèques, même les mieux épurées. Que si on attaque la méthode, je la défendrai, *unguibus* et *rostro,* ou plutôt ce sera tout le monde qui la défendra en l'adoptant. Quant à la partie purement fantaisiste par laquelle j'ai terminé mon livre, et où, prenant pretexte des luttes présumées que cette méthode aura à soutenir dans le département et ailleurs, je me suis amusé à parcourir le pays, en le faisant poser dans des attitudes un peu inattendues devant une puissance photographique d'une valeur que je reconnais contestable, j'aurais bien eu envie de réclamer indulgence pour son excentricité : mais à quoi bon, puisque la seule vraie manière d'échapper au châtiment eut été de ne pas commettre la faute. Au surplus, Archimède lui-même ne fit-il pas des extravagances? Archimède, vieux chercheur! et toi, grand, immortel, divin Kepler, n'est-ce pas que toutes les vérités sont sœurs? Elles ont du moins cette propriété commune, de jeter dans l'enthousiasme, et tous les enthousiasmes se ressemblent. Moi aussi je veux crier le mien à la postérité! je veux crier : « Eureka, je triomphe! j'ai volé une parcelle du secret d'or! le secret de Vertumne et de Pomone! je veux m'abandonner à mon ivresse sacrée!!! ».

LA
POMONE DÉLIVRÉE

—

MÉTHODE NOUVELLE

D'ARBORICULTURE FRUITIÈRE-ORNEMENTALE

INTRODUCTION

J'aime les fruits, j'aime les fleurs.
Et même en rêve
Je bois leur sève
Et je m'enivre à leurs senteurs.
Aussitôt que le jour commence
Je visite de préférence
Ceux dont j'ai rêvé la nuit :
Je leur adresse
Une caresse,
Petit compliment sans bruit.
Puis je m'exhalte dans le temple
En parcourant le divin lieu,
Et je les chante tous ensemble
En élevant mon âme à Dieu.

Si, au commencement, l'arbre à fruit fut la cause du premier désir, de la première faute, du premier châtiment, la faute étant commise, la peine irrévocable, c'est-à-dire le besoin à satisfaire éternel, c'est au condamné à chercher à le rendre aussi supportable que possible. Donc, depuis la sortie de l'Eden, l'arbre à fruit est utile ; il porte des fruits ; il croît dans les lieux de nos délassements, sous nos fenêtres, dans nos jardins, jusque dans nos appartements; il faut qu'il plaise aux yeux.

L'arboriculture doit donc être fruitière et ornementale; elle a un double but à atteindre : l'utile et l'agréable. Jusqu'à ce jour, le premier ne l'a été que bien peu complétement, et le second encore moins.

Enseigner le moyen de former le plus *rapidement possible les plus beaux arbres, les plus productifs, les plus durables,* c'est approcher du but. Des personnes intelligentés réussiront à en faire; d autres paieront pour en avoir; mais tout le monde n'est pas intelligent ou n'a pas le temps d'étudier, et tout le monde n'est pas riche; il y a encore les simples et ceux qui n'ont pas de quoi payer le travail de ceux qui savent. Or, comme il n'y a pas eu d'exception dans l'application de la peine, il ne doit pas y en avoir dans le soulagement à y apporter.

Mettre le moyen de former *soi-même* des arbres, dans toutes les conditions avantageuses désirables, à la portée de l'intelligence et de la bourse du *plus grand nombre,* c'est donc un progrès de plus.

Ce n'est pas assez encore, si l'on n'enseigne qu'à former des arbres, quelque méritants qu'ils soient, qui ne puissent s'accommoder que d'emplacements de choix, de forme et dimensions à peu près toujours identiques. Tout le monde ne dispose pas de semblables emplacements, et dans les jardins où ils se trouvent, on rencontre encore d'autres espaces qui ne pourraient être ni utilisés, ni ornés. Or, il faut que tous puissent l'être, depuis le plus étendu jusqu'au plus restreint, afin que chacun puisse y avoir sa petite part, depuis l'opulent aux jardins de cent arpents et qui paiera pour y faire dresser ses arbres, jusqu'au simple artisan qui n'a que quelques pieds de terre derrière sa demeure, et entre porte et fenêtre un étroit trumeau où il dressera le sien de ses propres mains ; et *Jenny* l'ouvrière, qui ne possède rien, en s'adressant aux races de petite venue, en élèvera un en caisse, auprès de sa fenêtre, dans sa chambre, où elle jouira de ses fleurs dès janvier, de ses fruits dès Saint-Jean, et de son élégante forme toute l'année.

Donc, mettre à la portée de l'intelligence et de la bourse du plus grand nombre le moyen d'obtenir soi-même, le plus rapidement possible, les plus beaux arbres, les plus productifs, les plus durables, et dans *tous les emplacements*, tel sera le propre de la seule vraie méthode rationnelle et orthodoxe.

En d'autres termes, étant donné un espace quelconque, quelle que soit la disproportion de ses dimensions entr'elles, et dont l'étendue totale ne dépasse pas le maximum de celle qu'un arbre de belle venue peut couvrir, et ne descend pas au-dessous du minimum de celle où un arbre de petite venue peut vivre et se maintenir, *mettre à la portée du plus grand nombre des intelligences le moyen de l'utiliser et de l'orner aussi complètement que possible, en y formant soi-même, avec le moins de temps et de dépense, les arbres les plus beaux et les plus durables,* c'est la prétention de la nouvelle méthode.

Maintenant, si, au point de vue de l'utilité et jusqu'en une certaine mesure, au point de vue de l'ornementation, pour celui qui n'a que quelques emplacements limités, les avoir ainsi décorés et utilisés aussi avantageusement que possible, c'est, il semble, avoir obtenu satisfaction complète : pour le riche aux vastes jardins, aux longues murailles élevées, les couvrir et les décorer des plus belles formes fruitières, cela ne suffit pas. La méthode nouvelle doit encore dire quelques mots pour l'avertir de l'effet ornemental qu'il peut retirer de la disposition et de l'agencement de ces formes entr'elles : de la perfection et de la symétrie des détails dépend l'harmonie d'une forme fruitière ; de l'art dans l'ordonnance de formes entr'elles dépend le concert de l'emsemble et la splendeur de la perspective.

Ainsi, on ne placera point au hasard et pêle-mêle, à la suite les unes des autres, des formes de diverses classes, ni celles d'une même classe, si elles diffèrent de conformation et d'aspect ; mais on fera suivre les formes d'une même classe, et parmi celles-ci, celles de même figure.

Il n'est pas jusqu'aux fleurs, aux fruits et au feuillage que l'on ne doive étudier, et prendre en considération ; mais les fleurs passent vite ; d'ailleurs, pour en parler, un volume ne suffirait pas ; les fruits durent peu, du moins la période pendant laquelle ils peuvent prêter à l'ornement, mais le feuillage dure une partie de l'année et l'on doit grandement en ter ir compte dans l'ordonnance d'une plantation un peu étendue.

Cette attention, importante pour les plantatioıs faites avec les grandes formes, est surtout indispensable pour la beauté du coup d'œil, quand il s'agit d'alignement des petites formes de la première classe, les unes à la suite des autres (voir la planche nᵒ 1, figures 1 et 2, etc.). Les changements de nuances et d'aspect étant plus multipliés et plus rapprochés, la transition brusque des tons devient dure et choquante, à moins qu'elle ne se répète, suivant une loi d'alternance bien observée, qui fait au contraire concourir leur diversité à l'harmonie de l'ensemble, et en augmente la splendeur.

Ainsi, vous ne mettrez jamais un poirier *Beuré-d'Angleterre*, ou bien de *Vilgoureuse* au feuillage d'un vert énergique et lustré, à côté d'un *Doyenné-Goubaud*, à la feuille petite, pâle et sèche ; ni un cerisier *Gros-Gobet*, ou bien *Royale-hâtive*, au feuillage ample, raide et debout, à côté d'un *Early-Purple*, à la longue feuille hastée, longuement pétiolée et mobile, etc., etc., ni à côté d'un *Reine-Claude* d'Oullins, au feuillage large, étoffé, corsé, vernissé, un *Mirabelle* à la feuille mesquine, rugueuse et chagrinée, il y ferait l'effet d'un petit galeux de la cour des miracles à côté du brillant cavalier monseigneur Phœbus de Chateaupers.

Ce n'est pas assez encore pour le riche amateur d'avoir ainsi orné ses fruitiers ; qu'il obtienne en caisse, sous les belles formes en crinoline ou en colonne (voir la planche 5, fig. 10 et suivantes), un certain nombre de beaux pêchers dans les trois variétés, aux superbes fleurs blanches, pourpres, roses ; qu'il les dispose avec ordre et goût dans ses salons-serres, rien n'égalera la splendeur du tableau pendant la floraison ; plus encore ! qu'il les place sur des socles mobiles analogues à ceux qui supportent les grandes poupées tournantes que l'on voit aux étalages des coiffeurs, alors le prestige n'a plus de bornes, c'est la féerie de la nature, la danse de la verdure et des fleurs.

Nous sentons parfaitement combien notre livre laisse de place aux *desiderata* de plus d'un genre. En effet, étudier la texture intime de la fibre de l'arbre et la composition de ses liquides, c'est faire son *anatomie;* étudier le rôle de ces éléments dans la formation de ses organes et le fonctionnement normal de ces mêmes organes sur la terre où il vit, aime et fructifie, sous la terre où il puise la plus grande partie des principes de sa nutrition, c'est faire sa *physiologie;* étudier les actions, réactions anormales ou morbides qui s'opèrent en lui sous l'influence de causes anormales et morbigènes générales et spéciales, inanimées ou vivantes, c'est faire sa *pathologie;* décrire les soins généraux et particuliers de culture et de traitement qu'il réclame pour l'y soustraire, c'est faire son *hygiène;* indiquer les moyens d'en réparer les fâcheux effets, c'est faire sa *thérapeutique;* et toutes ces notions sont du domaine de la science de l'arboriculture générale et reviennent de droit à un traité complet sur la matière, mais elles ne peuvent trouver leur place ici.

Nous ne pouvions non plus, dans cet exposé de principes généraux, parler : 1º ni de la *phytogénésie* fruitière ou de la multiplication de l'arbre à fruit par le semis, le marcotage, le bouturage (les soins et travaux de la pépinière demandent non pas un chapitre à part seulement, mais presque un volume); 2º ni de l'*étéro-morphogénésie,* ou de sa multiplication et de sa transformation d'une espèce en une autre par le moyen de l'ante ; 3º ni de l'*étéroplastie,* opération au moyen de laquelle on transpose d'un sujet sur un autre, soit un œil à bois, soit un bouton à fruit, ou un rameau à fruit ou à bois, dans le but de faire porter au sujet plusieurs espèces de fruit, ou de regarnir un vide sur une branche dénudée par maladie, accident ou vieillesse ; 4º ni de l'*autoplastie* qui consiste à greffer dans ce même but de réparation, à un point donné d'un arbre ou d'une de ses branches, un œil à bois ou un bouton à fruit pris sur lui-même, ou l'extrémité même de l'une de ses branches, sans l'en avoir détachée ; 5° ni enfin de la *syn-adelpho-plastie*, qui consiste à réunir par greffe en approche deux ou plusieurs sujets entr'eux, ou deux ou plusieurs de leurs branches entr'elles.

Nous ne parlerons ici ni des nombreux procédés de ces opérations, ni des instruments à l'aide desquels elles se pratiquent ; nous passerons également sous silence une foule de détails dont la nécessité se révèle à chaque pas dans la pratique, tels que la meilleure manière de déplantation, d'habillage, de plantation, de ravalement du sujet, de recépage ou de raccourcissement des branches, lorsqu'il est indispensable, et de raccourcissement ou de renouvellement des coursons fruitiers, etc., etc. (A). Toutes ces notions, bien que de première importance lorsqu'on veut cultiver des arbres, sont à l'arboriculture fruitière-ornementale proprement dite, ce que l'abécédaire et les éléments de la grammaire sont à l'esthétique du langage. Or, qu'on nous passe le mot, c'est de *l'esthétique fruitière* qu'il s'agit ici.

S'appuyant sur toutes les notions qui constituent la science de l'arboriculture, pour les mettre à contribution et s'en servir à son heure, l'esthétique fruitière, par la connaissance complète des lois de la végétation, maîtresse absolue des forces vives de l'arbre à fruit, non pour le violenter, mais pour le diriger, a pour mission et pour résultat de le conduire aux plus hautes destinées qu'il lui soit permis d'atteindre, au point de vue de la fructification et de l'ornement.

(A) Nous dirons cependant, à propos du pincement court, que nous avons emprunté au savant professeur Dubreuil, qui lui-même l'avait emprunté à d'autres, et auquel nous avons apporté encore une simplification poussée à de telles proportions qu'elle a fait jeter des cris de surprise et hausser les épaules de dédain à plus d'un, nous soutiendrons, disons-nous, que ce traitement n'a aucun des inconvénients qu'on lui reproche gratuitement et sans le connaître ; mais nous avancerons, dût-on encore crier au paradoxe, que nous lui en connaissons deux, dont on ne se doute pas : c'est de pousser trop à la fructification et de favoriser le développement des pucerons.

PREMIÈRE PARTIE

CH... Ier

PRINCIPES

1º *Admis*. La ligne droite est le plus court chemin d'un point à un autre.

2º *Démontré*. La moins grande résistance au mouvement se rencontre suivant la ligne droite.

3º *Observé*. Contrairement à la loi du mouvement des liquides inanimés, la force motrice qui fait progresser la sève vers l'extrémité de la tige et des branches d'un arbre exerce sa plus grande énergie suivant la *verticale*. Donc, trajet plus court, résistance moindre, impulsion plus énergique, transport d'autant plus rapide, plus facile, plus abondant de la sève vers l'extrémité de la tige et des branches, que celles-ci ont une conformation plus rectiligne et une direction plus verticale, et d'autant plus active devient la végétation de ces extrémités.

APHORISMES

1º Plus l'activité de la végétation augmente à l'extrémité des branches, plus les bourgeons de ces parties prennent un développement disproportionné à l'état nécessaire à leur fructification, tandis que ceux de la base végètent d'une manière insuffisante, ou pas du tout, finissent par s'éteindre et la branche se dégarnit *(premier inconvénient)*.

2° Plus le nombre des branches qui concourent à la formation de la charpente d'un arbre est grand, plus l'équilibre de force et de vigueur est difficile à maintenir entr'elles *(deuxième inconvénient)*.

3° Plus elles naissent à des points éloignés et étagés les uns au-dessus des autres le long de la tige, plus le maintien d'équilibre est compromis, la vigueur croissant pour chacune d'elle en raison de l'élévation de son point d'attache *(troisième inconvénient)*.

4° Lorsqu'une branche conserve dans toute sa longueur, ou seulement dans une grande partie de celle-ci, la même face toujours en dessous et l'autre toujours en dessus, les bourgeons fruitiers de la face supérieure prennent un accroissement disproportionné, passent à l'état de *gourmands*, tandis que ceux de l'inférieure dépérissent, finissent par s'éteindre et cette face se dégarnit *(quatrième inconvénient)*.

5° Les formes d'arbres, dont les branches sont libres de croître et de s'étendre transversalement ou en tous sens, sont ce qu'on peut appeler *envahissantes;* et quand on aligne un certain nombre de ces formes à la suite les unes des autres, à des intervalles assez rapprochés, dans peu de temps elles arrivent à se gêner mutuellement, à s'enchevêtrer les unes dans les autres, à moins de fréquents raccourcissements qui finissent par déranger leur équilibre; ou, si on les espace à de grandes distances, la place intermédiaire reste inoccupée et improductive pendant longtemps, et quand elle cesse de l'être, c'est que déjà le premier embarras s'est reproduit *(cinquième inconvénient)*.

6° Lorsqu'on élève en plein air ces sortes de formes d'arbres dont les branches sont mobiles et flottantes, elles sont exposées aux coups de vent, et la récolte est souvent compromise *(sixième inconvénient)*.

« Mais tout cela est admis, démontré, observé depuis longtemps. »

Sans doute, mais il y avait longtemps aussi que les cuisinières avaient observé la force de la vapeur d'eau en ébullition soulevant le couvercle de leur marmite, avant que Papin eût trouvé l'application qu'on en pouvait faire et que vous savez.

Revenons : un arbre dont les branches ont de la tendance à se dégarnir à la base, dont les unes s'emportent en végétation superflue aux dépens des autres, chose grave : enlaidissement de la forme; équilibre détruit; fructification amoindrie; longévité diminuée; il y faut pourvoir.

CATÉCHISME

D. 1º Que faut-il faire pour remédier à l'exubérance de la végétation aux extrémités?

R. Les méthodes enseignent, les praticiens opèrent la suppression annuelle, quelquefois bis-annuelle, d'une partie de leur élongation de l'année précédente; la sève est ainsi refoulée vers la base; le but semble atteint, mais aux dépens de quels sacrifices! *(Premier échec.)*

D. 2º Et pour maintenir ou rétablir l'équilibre entre les diverses branches de la charpente?

R. On enseigne et l'on pratique le raccourcissement annuel d'autant plus grand pour chacune d'elles qu'elles ont poussé plus vigoureusement. *(Deuxième échec.)*

D. 3º Et lorsqu'elles sont superposées par étages, pour que les supérieures n'affament pas les inférieures, qu'enseigne-t-on?

R. Toujours le raccourcissement, proportionné pour chacune d'elles à la quantité de son allongement durant l'année écoulée, de manière à ce que, après l'opération, elles présentent une diminution progressive de longueur de la base de l'arbre en haut, dans la proportion de trente à quarante centimètres environ pour chacune d'elles. Or, comme ce sont les plus élevées qui ont accaparé presque à elles seules la plus grande partie de la végétation, il s'en suit que c'est toujours un tiers, une demie, quelquefois les trois quarts du produit de l'année précédente que l'on se trouve avoir à supprimer; l'équilibre est momentanément rétabli, mais aux dépens de quels sacrifices! L'effet est produit, c'est vrai, mais la tendance reste. *(Troisième échec.)*

D. 4° Mais c'est un vrai travail de Pénélope que tout cela ?

R. Vous l'avez dit.

D. 4° Et pour remédier au dégarnissement des faces inférieures, qu'enseignent les méthodes et que font les jardiniers ?

R. Ils en gémissent! *(Quatrième échec.)*

D. 5° Et pour parer à l'inconvénient de l'enchevêtrement des branches de leurs arbres les unes dans les autres, quand elles viennent à se rencontrer ?

R. On les raccourcit, ou bien on plante les sujets à une grande distance, et l'on place provisoirement entr'eux des arbres qu'on ne taille pas, qu'on appelle arbres d'attente et qui y font une laide figure ; et quand enfin les arbres taillés viennent à se rencontrer, on recommence le racourcissement. *(Cinquième échec.)*

D. 6° Et pour empêcher que dans les formes élevées en plein air, les branches ne soient agitées par les coups de vent et la récolte jetée à bas?

R. Ils assujettissent de leur mieux les branches avec des baguettes de bois et quelques fils de fer, opération passablement difficultueuse, toujours coûteuse, souvent renouvelable, et jamais efficace. *(Sixième échec.)*

D. Et la méthode nouvelle, qu'oppose-t-elle à ces inconvénients?

R. La méthode rationnelle dit :

1° Puisque la végétation est d'autant plus énergique vers les extrémités de la tige et des branches qu'elles sont plus rectilignes et en direction plus verticale.

2° Puisque l'équilibre est d'autant plus difficile à maintenir entre les branches qu'elles sont plus nombreuses.

3° Puisque cette difficulté augmente d'autant plus qu'elles sont superposées par étages les unes au-dessus des autres.

4° Puisque les faces inférieures des branches se dégarnissent de leurs coursons fruitiers, lorsqu'elles conservent cette même position dans toute leur étendue ou dans une grande partie de celle-ci.

5° Puisque les formes dont les branches sont libres de s'accroître transversalement ou dans tous les sens finissent par se gêner, à moins de les placer à de grandes distances, et quand même.

6° Puisque, dans les formes élevées en plein air, la mobilité des branches les expose aux coups de vent, les conditions étant renversées, le résultat devra être inverse ; *ERGO :*

LOIS ET COMMANDEMENTS

1° Ne pas donner aux branches une direction rectiligne comme dans toutes les formes enseignées, *éventails, palmettes, lyres,* etc., etc., *mais leur faire parcourir des lignes brisées, comme* .....(voir les figures).

2° Ne pas faire concourir un grand nombre de branches à la formation de la charpente d'un arbre, comme dans les formes des méthodes enseignées, *mais obtenir ces formes avec le moins de branches possible, comme* ..... (voir les figures).

3° Ne pas former d'arbres dont les diverses branches soient superposées en étages le long de la tige ou des branches mères, comme dans les formes en évantail, en palmette, en lyre, en pyramides, etc., des méthodes enseignées, *mais faire des formes dont les branches, (si elles en ont un certain nombre,) naissent autant que possible vers le même point de hauteur de la tige, comme* .....(voir les figures).

4° Ne pas donner à ces branches une disposition qui laisse la même face toujours en dessous, et une autre toujours en dessus, comme dans toutes les formes des vieilles méthodes, sans exception, *mais leur faire subir des déviations ondulées ou en zigzag, qui, ramenant alternativement la face inférieure en dessus, et* vice versa, *maintiendront l'équilibre entre leurs cour-sons fruitiers* (voir les figures).

5° **Ne** pas faire de formes dont les branches soient libres de s'accroître transversalement ou en tous sens, comme dans toutes les formes à peu près des méthodes enseignées, *mais donner aux branches des directions telles, qu'elles bornent elles-mêmes leur extension transversale, et que l'espace qu'elles occuperont à jamais soit d'avance limité, si ce n'est en élévation.* Le ciel appartient à tout le monde! (voir les figures).

On peut même en faire qui soient *closes* de toutes parts (voir la figure 9).

Les formes de la méthode rationnelle sont donc toutes des formes *limitées*; elles sont aux formes *envahissantes* ce que le civilisé qui a ces deux articles à son code moral : 1° « Mon droit finit où le tien commence; » 2° « Mon devoir commence où finit mon droit, » est au barbare dont le code n'a qu'un article : « Mon droit finit où je ne puis atteindre. »

6° Ne pas faire de formes en plein air dont les branches soient libres et flottantes et qu'il faille étayer pour les préser-ver des coups de vent, comme dans toutes les formes en plein air des vieilles méthodes, *mais faire des formes dont le petit nombre de branches soit dirigé de manière que, venant à se ren-contrer et à se croiser souvent entr'elles, on puisse les souder par greffe en approche, au point de rencontre, ou seulement les y maintenir avec quelques liens, et assurer ainsi à tout l'édifice une solidité et une immobilité presque égales à celles des formes adossées aux murailles* (voir la planche 5).

D. Mais, n'est-ce point contrarier la nature que d'en agir ainsi ?

R. Est-ce mieux la respecter que de laisser se produire une végétation superflue, pour la supprimer l'année suivante : rap-pelez-vous Pénélope. Est-ce que tous les êtres créés, et l'homme avec, n'ont pas reçu un certain nombre d'instincts te-naces, de forces vives, nécessaires à leurs fins, mais d'une ten-dance extrême à prendre une suprématie démesurée, abandonnés à eux-mêmes? Est-on mis au ban de la création pour chercher à les diriger? Vaut-il mieux laisser faillir, pour punir ensuite, que de moraliser? *Moraliser*, le mot me sourit.

D. Et les procédés pour mettre à fruit les arbres, la méthode nouvelle n'en parle-t-elle pas? C'est pourtant la chose essentielle...

R. L'arbre qui n'a subi aucune forme et auquel on ne touche point, se met à fruit de lui-même; *être réduit* à l'emploi de certaines opérations pour contraindre à fructifier ceux que l'on a travaillés et dressés d'après certaines méthodes, c'est la condamnation et de ces formes et des méthodes qui les enseignent. Les expressions *mettre à fruit*, peuvent bien signifier pour les méthodes enseignées, des opérations d'une haute importance, puisque leurs arbres, parait-il, ne sauraient se mettre à fruit sans elles; c'est à peine si elles ont une signification dans la nôtre, où les arbres, par l'effet même de leur conduite, se mettent à fruit spontanément. Toutefois, comme il faut, pour l'harmonie des formes, que leurs coursons aient une longueur à peu près régulière et qu'ils ne puissent pas prendre un accroissement démesuré, dans les arbres à fruits à pépins, on leur fait subir, selon leur vigueur, pendant l'état herbacé, un pincement à 25 ou 30 centimètres de longueur; dans l'état d'aoûtement, une cassure incomplète à quelques centimètres au-dessous de ce pincement ou, selon leur plus grande vigueur, une cassure complète d'abord, puis une autre incomplète quelques centimètres plus bas; et enfin, s'il y a lieu, une torsion; puis, à l'entrée de la nouvelle saison, on ravale ces petits rameaux sur les deux derniers yeux à fruits, pour ne pas laisser produire une floraison démesurée et superflue, et pour ceux qui ne marquent pas de boutons à fruits, on les casse complétement au-dessous de la cassure ou des pincements de l'année précédente, et encore incomplétement, un peu par dessous, s'ils sont très vigoureux.

Pour les arbres à fruits à noyaux, le pincement court et répété, selon le besoin, de toutes les pousses des coursons fruitiers sans exception suffit à tout ; l'auteur n'y met pas même tant de façon, il les tond tout simplement, au fur et à mesure du besoin, avec de grands ciseaux, comme s'il s'agissait d'une haie vive, en ayant soin, bien entendu, de ne pas dépasser les derniers yeux à bois, ou même de couper moins près, pour ne pas découvrir les fruits, si l'on opère pendant la fructification.

Ne riez point de surprise et de dédain de la simplicité toute primitive de ce procédé : sa justification *a priori* me serait aisée, si le plus complet succès d'une application de sept ans ne suffisait pas pour en affirmer la valeur.

D. Mais pour conduire des arbres sous des formes aussi contournées, il doit falloir du travail et pas mal d'intelligence, et conséquemment de la dépense : or, la méthode nouvelle s'est posée avec la prétention d'être à la portée de toutes les intelligences et de toutes les bourses ?

R. En effet ; aussi suffit-il pour réussir une forme d'en tracer d'abord l'image au crayon, par autant de lignes qu'elle comporte de branches, et si c'est en plein air, d'en faire la carcasse avec quelques morceaux de bois ou du fil de fer ; puis à la saison, planter convenablement au pied de la figure un jeune sujet, auquel on laissera développer autant d'yeux qu'elle a de lignes tracées et sur lesquelles seront conduits et fixés au fur et à mesure de leur développement, les bourgeons qui naîtront de ces yeux. Si la forme de l'arbre est telle que quelques-unes des branches qui la composent naissent les unes au-dessus des autres sur la tige, comme dans la figure 6, vous laisserez d'abord développer les plus inférieures, et quand elles auront acquis un accroissement suffisant, vous favoriserez le développement des supérieures et les conduirez suivant les lignes qui leur correspondent, comme il a été dit plus haut.

Si quelques-unes de ces branches doivent en supporter d'autres (comme dans les figures 5, 7, 8, etc., etc., etc.), vous laisserez d'abord développer les premières, et quand elles auront acquis la force voulue, vous favoriserez, à chacun des points indiqués par les autres lignes, le développement des bourgeons qui devront, en s'allongeant, les suivre dans leurs ondulations. *Jamais rien à supprimer* à aucune de toutes ces branches charpentières ; seulement, au cas de quelque petite inégalité fortuite ou innée dans leur vigueur, on aurait recours à une plus grande sévérité dans le palissage de la plus vigoureuse, et même au besoin, à un petit pincement à son extrémité. Quant aux bourgeons fruitiers : pincement court et répété, s'il s'agit d'espèces à noyaux ; et pour celles à pépins : les petites opérations ci-dessus indiquées à leur chapitre.

D. Tout se réduirait donc, à peu près, à l'art de tracer une figure avec des lignes ou bien avec des baguettes de bois ou du fil de fer ?

R. Oui. Le reste peut se confier au premier venu, la réussite de l'édifice ne dépendant, ni de l'intelligence, ni de la dextérité des doigts de l'opérateur, mais uniquement de la perfection de la forme et de l'excellence de la méthode. Et votre marmiton peut parfaitement y suffire entre deux vaisselles à laver.

D. Et la serpette et le sécateur ?

R. Maintenir à une longueur normale les coursons fruitiers, recéper sur un œil vigoureux une branche mal venante par suite d'accident ou de vice de complexion inné, et réduire proportionnellement les congénères, supprimer le bois mort : telle est la part assez honorable, sinon grande, que la méthode, à regret, il est vrai, laisse encore à ces précieux outils.

D. Et de la vigne, la méthode n'en parle-t-elle pas ?

R. Pas encore ; mais si l'étude et les expériences auxquelles l'auteur se livre depuis quelque temps ne trompent pas ses espérances, il pourrait advenir ce fait singulier : que le dernier mot de la conduite de la vigne fût trouvé par un habitant d'une contrée où le raisin ne mûrit que rarement.

D. Est-ce que les formes représentées aux figures sont les seules que la méthode puisse apprendre à faire ?

R. Non, certes.

D. Fournit-elle le moyen d'en obtenir encore un grand nombre d'autres ?

R. Tout autant que l'esprit peut concevoir de figures symétriques et régulières pouvant se représenter par un petit nombre de lignes non droites et non verticales; mais toutes les formes imaginables rentrent dans les quatre classes suivantes :

1re CLASSE. Les formes *en placage*, comprenant : — A. Les formes linéaires ou élémentaires, n'ayant qu'une des trois dimensions de l'étendue, la longueur (voir la planche 1, figures 1 et 2, etc.) — B. Les formes planes ou étalées, ayant largeur et hauteur (voir les figures 3 et 9).

2me CLASSE. Les formes *en bosse* ou *en relief*, ayant les trois dimensions (voir les figures 10 à 13).

3me CLASSE. Les formes *mixtes*, participant des deux premières et pouvant avoir une partie de leur édifice en placage et l'autre en relief (voir la figure 15).

4me CLASSE. Enfin les formes composées ou *polyphytes*, parce qu'elles résultent de la réunion et de l'alliance entr'elles, au moyen de la greffe en approche, d'un certain nombre d'autres formes, pour ne constituer qu'un seul et même édifice. Ces formes, d'une charpente trop compliquée pour que la description puisse en donner ici une idée suffisante et n'ayant pu d'ailleurs être représentées par le dessin, sont, vues sur nature, d'une conception et d'une exécution tout aussi faciles que les plus simples.

D. Quelles sont les meilleures formes?

R. Toutes sont bonnes, selon l'emplacement auquel elles sont destinées, si elles sont conçues et conduites selon les commandements de la méthode, et celles-ci seront toujours les plus parfaites qui s'en écarteront le moins.

D. On péche donc contre la méthode en faisant la forme dite *en canapé*? (voir la figure 15).

R. Oui, mortellement, quant au 4e et 5e commandement ; véniellement, quant au 2e et 3e, parce que la direction d'autant plus déclive que l'extrémité de chacune des branches reçoit au fur et à mesure qu'elles appartiennent à un étage plus élevé, leur fait perdre le privilége de vigueur qu'elles tiennent du lieu de leur naissance.

D. Quelles sont celles des formes des anciennes méthodes que la nouvelle admet ?

R. Quels sont ceux des dieux du vieil Olympe qui méritèrent de trouver grâce devant la foi nouvelle ?

D. Ces méthodes ont pourtant produit un certain nombre de formes d'une beauté incontestable ?

R. Oui, mais toutes, sans excepti.n, péchent contre la plupart des commandements de la *doctrine,* quand elles ne péchent pas contre tous à la fois.

D. Et ces majestueuses pyramides ? n'est-ce pas se rapprocher tout à fait de la nature que de tailler ainsi un arbre ?

R. Ce serait s'en rappr.cher davantage que de n'y point toucher du tout.

D. Mais il faut bien le maintenir dans des proportions en rapport avec le lieu où on l'élève ?

R. J'en conviens, mais alors c'est une lutte que vous aussi engagez avec la nature, lutte à vie et à perpétuité, où chacun de vous aura tour-à-tour sa part de triomphe et d'humiliation ; et ne vaudrait-il pas mieux la soumettre out de suite ; la paix et ses bienfaits ne pouvant résulter que de la soumission absolue de l'un ou de l'autre.

D. La méthode excepte sans doute ces jolis cordons horizontaux, verticaux, obliques ?

R. Pas même ; elle fait pourtant une concession, mais bien à regret, en faveur des premiers, et faute de pouvoir, jusqu'à présent, utiliser mieux les bordures des plates-bandes le long des allées ; mais, quant aux deux autres, malgré leur simplicité et leur unique branche, ils péchent contre tous les autres commandements ; et en outre du défaut d'être tout d'une coulée, ils ont, les derniers du moins, l'inconvénient de mal garnir l'espace, au commencement et à la fin de l'emplacement, à moins qu'on ne transforme le premier et le dernier de chaque extrémité en figures à plusieurs branches.

D. Ils sont pourtant bien à la mode aujourd'hui ?

R. M. de ! Aujourd'hui ! deux mots qui n'ont pas de futur.

D. Doit-on faire des lettres, écrire des noms, des dédicaces?

R. Non ; parceque les caractères de l'alphabet étant des conceptions purement arbitraires, leur cachet, c'est l'insymétrie ; or la symétrie est la pierre de touche de l'orthodoxie d'une forme fruitière et la base de sa durée (A). On peut former des noms et des dédicaces, pour une occasion donnée, pour certaines solennités et pour satisfaire passagèrement à un désir de glorification d'une personnalité ; mais ces formes sont, de leur essence, éphémères comme les causes pour lesquelles on les a produites. On ne doit pas faire de lettres, on peut faire un monument ; on ne doit pas écrire de noms, on peut faire un personnage, on peut faire le palais des rois et le portrait des maîtres de la maison.

D. Pour bien conduire un arbre, quels sont les meilleurs livres à consulter ?

R. Brûlez-les ! S'ils disent la même chose que la méthode, ils sont inutiles ; s'ils disent le contraire, ils sont dangereux (B).

(A) Depuis le bruit qui s'est fait autour d'une nouveauté mise au jour, il y a quelques années, par M. Lepère de Montreuil, et qui consiste à former des noms avec quelques branches contournées de manière à imiter des lettres, la plupart des jardiniers et beaucoup d'amateurs se sont figuré que le soin de leur renommée leur faisait une obligation d'affirmer leur savoir, en montrant de l'adresse dans ce genre d'exercice. Ces productions, au point de vue de la végétation, non moins illogiques et vicieuses à tous les chefs que prétentieuses et puériles dans les mobiles qui les inspirent, ne méritent et n'obtiendront jamais aucune considération de la part de la science ; bonnes, tout au plus, pour émerveiller la foule qui admire d'autant plus une chose qu'elle est plus singulière et qu'elle la comprend moins, sans s'occuper de sa valeur réelle.

(B) On comprend aisément que cette sentence anathématique absolue n'a trait qu'à cette partie de l'arboriculture qui a pour but la formation et la conduite de l'arbre ; et que, de même qu'un cours de rhétorique ou d'éloquence suppose connus l'abécédaire et la grammaire, de même ici le lecteur est supposé être initié d'avance aux petites opérations élémentaires de la science, qu'il faut bien apprendre quelque part, dans les livres ou dans les cours, mais dont nous n'avons point parlé dans la méthode, ne trouvant pas convenable de copier les auteurs et n'ayant pas, nous-même, grand chose de nouveau à en dire pour le moment.

D. Il n'y a donc qu'une seule vraie méthode ?

R. Oui, hors d'elle, point de salut.

D. Le jardin de l'auteur doit être bien beau et n'être orné que des plus belles formes et des plus irréprochables ?

R. C'est dans les salons-musées de l'opulent que l'on rencontre une réunion de tableaux (originaux ou copies) richement encadrés et rangés avec soin; dans l'atelier du maître, où l'on s'occupe du progrès de l'art, il y a un peu pêle-mêle, à côté d'un chef-d'œuvre, une toile inachevée, une autre commencée, beaucoup d'abandonnées et le plus grand nombre dans le cerveau de l'artiste. Trouvez-vous cette comparaison trop prétentieuse, prenez celle-ci : il n'y a pas de plus mal chaussés que les cordonniers; mais qu'importe! qu'importe-t-il à la gloire de Guttenberg de n'avoir pas fabriqué toutes les presses et tout l'outillage du *Moniteur !*

D. Quoi! Celui qui a la prétention de seul enseigner à si bien conduire les arbres, n'en aurait pas un jardin bien orné ?

R. Hommes de peu de foi que vous êtes! Allez et croyez. Conduisez vos arbres suivant de belles formes, selon qu'il vous est enseigné, et vous aurez le fruit avec et tout le reste par surcroit!.... Cessez votre travail de Pénélope, Ulysse a touché le port!....

CONCLUSION. — Ne punissez pas vos arbres, moralisez-les.

CH... II

PREMIÈRE CLASSE

FORMES EN PLACAGE

SECTION Iʳᵉ. — FORMES SIMPLES, LINÉAIRES, ÉLÉMENTAIRES OU GÉNÉRATRICES.

Cordon ondulé (PLANCHE I. FIGURE 1).

Cette forme simple, gracieuse, est le prototype de la méthode, dont elle réunit toutes les conditions d'orthodoxie sans exception : facilité d'exécution, branche unique, brisure de celle-ci, qui, tout en arrêtant l'élan de la sève vers l'extrémité, ramène alternativement ses faces tantôt en dessus et tantôt en dessous et maintient ainsi l'équilibre entre leurs coursons fruitiers ; elle est avec la suivante le générateur de presque toutes les autres formes. Il suffit de voir la figure pour pouvoir la réussir : tracer une ligne ou un treillage qui la représente ; planter au pied un sujet à une tige que l'on dirige sur le tracé au fur et à mesure de son développement, il n'y a pas autre chose à faire.

Nulle autre mieux qu'elle n'orne plus admirablement et plus rapidement les espaces les plus étendus, lorsqu'on en dresse une série à la suite les unes des autres ; dans ce cas les sujets se plantent à 80 au 90 centimètres de distance les uns des autres ; les ondulations doivent présenter entr'elles un écartement régulier de 30 centimètres environ (fig. 1 *bis*.)

Elle est spéciale et sans rivale pour les emplacements très élevés d'une largeur de moins d'un mètre ; mais elle s'accommode également bien de ceux aussi très petits, dont la largeur l'emporte sur la hauteur, et alors la portion horizontale de ses ondulations augmente d'étendue en proportion de la diminution de leur nombre. Cette forme suffit complétement à toutes les exigences d'emplacements et peut tenir lieu, de la manière la plus absolue et la plus avantageuse, de toutes les autres formes sans exception, soit adossée contre les murailles, soit en plein air ; et si nous en avons imaginé, créé et décrit un grand nombre d'autres, c'est pour donner satisfaction à tous les goûts, au point de vue de l'*ornementation*, et pour montrer la ressource infinie de la méthode sous ce rapport.

Cordon en zigzag ou en éclair (Pl. I, Fig. 2).

Cette forme, qui a toutes les analogies possibles avec la première, en a aussi tous les mérites et les attributions ; seulement elle garnit un peu moins complétement un emplacement, lorsqu'elle est isolée ; mais en en réunissant un certain nombre à la file les unes des autres, l'effet ornemental qui résulte de leur engrenage les unes dans les autres est peut-être plus prononcé que dans la première forme (fig. 2 *bis*). L'une et l'autre de ces deux formes doivent être substituées d'une manière exclusive aux cordons verticaux et obliques qui ont tant d'inconvénients tous les deux, notamment d'être tout d'une coulée, et le dernier, en outre, de conserver la même face toujours en dessous.

On plante les sujets à 40 centimètres les uns des autres, ils sont ensuite couchés et dressés suivant un angle de 45 degrés. Une hauteur verticale de 50 à 60 centimètres d'une brisure à l'autre, est celle qui paraît être la plus convenable.

SECTION II. — FORMES PLANES OU ÉTALÉES.

Chaînette annelée (Pl. II, Fig. 3).

Chaînette quadrillée (Pl. III, Fig. 4).

Ces deux petites formes, les plus simples de toutes les formes planes ou étalées, ne sont, comme on le voit, la première qu'un cordon ondulé double dont les ondulations s'entrecroisent ; de même la seconde, un cordon en éclair à branches croisées. Elles offrent l'une et l'autre la même facilité ; elles ont les mêmes mérites que leurs générateurs respectifs.

Chacune d'elles, prise isolément, décore aussi complétement et aussi avantageusement que possible les petits emplacements d'un mètre environ de largeur, quelle que soit l'élévation ; et répétée un grand nombre de fois, dans un espace étendu, donne rapidement naissance à l'espalier le plus splendide et le plus productif que l'on puisse rêver.

Nous ferons observer, à propos de l'édification de la forme quadrillée, que pour garnir l'espace aussi complétement que possible et sans confusion, en même temps, la hauteur verticale d'une brisure à l'autre, (excepté celle de la plus inférieure qui sera moindre de la moitié), doit être de quarante centimètres seulement, au lieu de 50 ou 60 que nous avons fixés pour la forme en éclair simple ; de même et pour les mêmes raisons, dans la forme annelée, bien que ses anneaux puissent varier depuis le cercle parfait jusqu'à l'éclipse plus ou moins allongée transversalement, la hauteur du diamètre vertical ne doit pas dépasser 40 centimètres.

Pour exécuter bien régulièrement ces formes, comme du reste toutes les autres, il faut d'abord en tracer la figure au crayon sur l'emplacement ; on peut aussi le faire quadriller *ad hoc* par un treillage en bois ou en fil de fer ; mais si l'on

ne veut que palisser à la loque et viser à l'économie, voici
un des moyens les plus expéditifs et les plus commodes : si
vous voulez à la forme annelée des anneaux parfaitement
circulaires, abaissez une perpendiculaire A B, jusqu'au point
B où vous voulez commencer la figure ; puis avec une corde ou
un compas d'un rayon convenable, échelonnez sur cette ligne
qui passera par leurs diamètres, une série de circonférences
tangentes entr'elles et dont la plus inférieure sera, en même
temps, tangente au point B. Il ne reste plus qu'à conduire sur
les ondulations qui en résultent les deux rameaux du sujet à
mesure de leur développement, en ayant soin, aux entrecroisements,
de les faire passer alternativement l'un devant l'autre,
à tour de rôle, afin de donner plus de solidité à l'édifice.

Pour la figure quadrillée, on se sert d'une croix A B C D,
dont les quatre bras ont chacun vingt centimètres de long et
munie d'un fil à plomb. On la présente suspendue par un des
bouts à la partie inférieure de l'emplacement, de manière que
son bout C coïncide avec le point C de l'espace où l'on veut
que la figure commence ; on marque les trois autres points B
A D; on réunit ces quatre points deux à deux, et l'on a le premier
carré ; puis on élève la croix de manière à faire tomber
son bout C sur le point A du premier carré, on marque les
trois autres points aux trois autres bouts de la croix, et en les
réunissant deux à deux, on a le second carré. Ainsi de suite.

Lorsqu'on veut dresser un certain nombre de ces figures
quadrillées à la suite les unes des autres, on peut le faire selon
deux dispositions différentes ; ou bien elles se correspondront
angle à angle (fig. 4 *bis*), alors les sujets doivent être plantés à
50 centimètres les uns des autres, et les points où doit commencer
chaque figure étant marqués, on procède avec la
croix, pour chacune d'elles, comme il vient d'être dit; ou bien
on veut les faire alterner et se correspondre angle saillant à
angle rentrant (fig. 4 *ter.*); dans ce cas, les sujets seront plantés
à 60 centimètres les uns des autres, et les figures commenceront
alternativement à une différence de hauteur de 25 cen-

timètres; les points alternatifs de hauteur différente où doit
commencer chacune d'elles étant marqués, on procède au
quadrillage comme ci-dessus.

La forme annelée doit toujours affecter cette disposition
alternante pour produire un effet plus élégant et éviter la confusion.

On s'est engoué depuis quelque temps d'une disposition dite
en U, imaginée par M. Bengy-Puivallée, laquelle consiste en
un sujet à deux branches tenues écartées d'abord, puis se
relevant pour marcher verticalement, séparées par une distance
de 40 ou 50 centimètres. N'étaient la simplicité et la rapidité
de sa formation, cette forme, à cause de la direction rectiligne
et verticale à la fois de toute sa charpente, serait bien certainement la plus vicieuse que l'on ait pu inventer; mais en outre
de ces défauts capitaux, elle est bien loin d'approcher de nos
petites chaînettes, sous le double rapport de l'ornement et de la
productivité; sous le rapport de l'ornement, c'est l'œil seul qui
décide, mais sous celui de la productivité c'est autre chose.

On démontre en géométrie que le côté du carré inscrit est
au rayon, c'est-à-dire à la demi diagonale, comme la racine
carrée de deux est à l'unité. Donc aussi les deux côtés du
carré sont à la diagonale ou au double rayon :: $\sqrt{2} : 1$;
donc la somme des quatre côtés de tous les carrés de notre
figure quadrillée est à la double somme des diagonales, autrement dit au périmètre d'une figure en U occupant le même
espace :: $\sqrt{2} : 1$; donc la forme quadrillée offrant une plus
grande étendue de branches charpentières, pour un espace
donné, que la forme en U, elle est plus productive qu'elle.
Mais le périmètre de la forme quadrillée elle-même est inférieur à celui de la forme annelée de même étendue : en effet
le périmètre ou les anneaux de cette dernière peuvent être
considérés comme les circonférences inscrivant les carrés
ou le périmètre de la première ; donc le périmètre de celle-là
est au périmètre de celle-ci dans le rapport géométrique de la
circonférence au carré inscrit ; donc il est plus grand ; donc

à fortiori il est plus grand que celui de la forme en U; mais il y a plus : puisque la double somme des diamètres de toutes les circonférences d'une forme annelée n'est autre chose que le périmètre des deux branches d'une forme en U occupant le même espace, et que d'autre part il est démontré en géométrie que la circonférence est au diamètre en chiffres ronds, au moins comme 22 : 7, il s'en suit que le périmètre de l'*annelée* est à celui de l'U :: 22 : 7 X 2 :: 11 : 7; donc pour un espalier en U, mesurant un développement linéaire en branches charpentières de 700 mètres, il y aurait en faveur de la chaînette un avantage de 400 mètres; à dix fruits seulement par mètre, soit 4000 fruits, à dix centimes le fruit, ci....... 400 fr.

Palmette écran Veyret-Logérias à deux branches ondulées (Pl.. IV Fig. 5).

Cette forme, la plus simple, la plus gracieuse et la plus méritante des grandes formes planes ou étalées, n'a presque pas de spécialité d'emplacement. Un carré parfait, un rectangle, tout lui va; si la plus grande dimension est de bas en haut, le nombre des ondulations augmente; si au contraire elle est transversale, les ondulations s'allongent. Isolée, elle fait un effet admirable; répétée un grand nombre de fois, il n'y a pas d'espalier plus riche et plus productif, la simplicité de sa formation est presque élémentaire : tracer par quatre lignes une figure qui la représente, planter au pied un sujet rabattu sur deux yeux qui fourniront les deux premières branches qui forment l'encadrement, et lorsqu'elles seront suffisamment fortes, favoriser au-dessus le développement de deux autres rameaux qui seront conduits sur les lignes ondulées et compléteront la figure. Cette jolie forme est du même âge que ma fille; elles sont nées la même année, le même jour, presque à la même heure (15 avril 1857), elle porte son nom. Il y a déjà plusieurs années que nous avons chanté cette forme sur tous les tons, et elle devrait donc être connue depuis longtemps ; mais le lyrisme où nous célébrions ses mérites déplut au journal à qui nous en avions adressé la description; le sérieux du fond ne put obtenir grâce pour la légèreté de la forme devant la gravité du journaliste qui refusa d'insérer notre communication.

Palmette écran à branches engaînantes

(Pl. IV. Fig. 6).

Cette forme a presque tous les mérites de la précédente, dont elle ne diffère que par la direction et la plus grande amplitude des ondulations; toutefois, cette amplitude des ondulations, en ne ramenant pas à des intervalles assez rapprochés les traces des branches, tantôt en dessus et tantôt en dessous, fait qu'elle s'éloigne quelque peu des préceptes de la méthode; aussi ne convient-elle complétement que pour les espaces limités en largeur à deux mètres au plus, quelque grande que soit d'ailleurs la hauteur.

Pour son exécution, mêmes règles et mêmes facilités que pour la précédente.

Palmette écran à branches concentriques

(Pl. IV. Fig. 9).

Cette forme qui, au premier aspect, paraît tout à fait étrangère à la conformation des précédentes, vue avec attention, s'en rapproche considérablement. En effet, les deux seules branches dont elle se compose, après s'être relevées, redeviennent horizontales, marchent l'une vers l'autre, se croisent et se recourbent à leur point de rencontre pour venir ensuite former des ondulations intérieures ou concentriques, jusqu'à ce qu'elles soient redescendues vers leur propre base où elles se soudent en approche, pour y rapporter leur excédant de sève. Elle est spéciale pour l'ornement des emplacements très

bas (moins de deux mètres de haut sur quatre de large). Close
et limitée de toutes parts, cette jolie forme, par sa solidité et
son inextensibilité, peut remplir un autre but d'ornementation
important : c'est qu'elle peut être mise en caisse et transportée
en serre ou dans une salle à manger avec tous les avantages
des arbres élevés pour cet usage.

Son exécation s'obtient, comme celle des précédentes, en
dirigeant les branches voulues du sujet sur les lignes tracées
d'avance pour les recevoir, puis on greffe leur extrémité en
approche lorsqu'elles arrivent à la base.

Vase antique d'après la méthode (Pl. IV, Fig. 7).

Cette forme, éminemment ornementale, mais laissant quelque
chose à désirer sur la manière incomplète dont elle garnit son
emplacement, convient très bien aux trumeaux extrêmes d'une
façade et s'y maintient suffisamment sans se dégarnir, pourvu
que l'élévation ne dépasse pas la largeur de plus d'un tiers.

L'explication donnée pour conduire les précédentes suffit du
reste pour comprendre la formation de celle-ci et de la suivante.

Candélabre des jardiniers ramené autant que possible au principe de la méthode.

Cette forme, moins méritante que toutes les précédentes, est
néanmoins d'un très bel effet ornemental, et à ce titre, elle
peut être conseillée ; elle décore admirablement bien les trumeaux de la façade d'une maison et peut s'y maintenir en
équilibre un certain temps, pourvu que la hauteur ne soit pas
supérieure de plus d'un tiers à la largeur, quelle que soit du
reste l'étendue de celle-ci.

Les deux branches mères s'obtiennent les premières, puis lorsqu'elles sont suffisamment renforcées, on favorise le développement des autres, mais pas de toutes à la fois.

On n'a pas joint ici la figure du candélabre, celui des jardiniers est assez connu; or, la seule modification, mais radicale, que la méthode lui ait fait subir, c'est d'avoir donné à toutes ses branches une conformation ondulée, qui éloigne toute possibilité de dégarnissement des parties inférieures, en même temps qu'elle agrandit l'effet ornemental de l'édifice.

Palmette écran-fantaisie (Pl. IV, Fig. 8).

Cette forme, admirable d'élégance, aura toujours sa place marquée à l'endroit le plus apparent du jardin, bien qu'elle ne garnisse pas l'emplacement d'une manière aussi complète que possible.

C'est un pêcher à fleurs doubles qu'il faut ainsi dresser pour jouir d'un beau coup d'œil.

Observation. — On objectera peut-être à l'auteur que quelques-unes de ces formes, notamment les figures 5 et 6 et la plupart de celles des classes suivantes, ayant des branches verticales ou rectilignes dans une grande partie de leur longueur, s'éloignent des préceptes de la méthode.

Réponse. — La courbure que reçoivent ces branches à une certaine distance de leur point d'attache, suffit pour assurer la végétation des bourgeons fruitiers de leurs parties horizontales; quant à la portion ascendante, comme elle ne doit pas dépasser la longueur des autres branches, on lui fait subir des pincements à mesure du besoin; d'autre part, il n'y a point à redouter que ces branches de l'encadrement acquièrent une vigueur supérieure à celle des autres, quoique moins ondulées qu'elles, parcequ'étant inférieures à celles-ci, en leur donnant naissance, elles leur cèdent une partie de leur sève, et l'équilibre se maintient; d'ailleurs si l'on craignait cet inconvénient, comme elles ne sont qu'accessoires, on pourrait ne pas les former ou même les supprimer une fois formées, si la difficulté se produisait ; mais c'est une nécessité à laquelle l'auteur ne s'est point encore vu obligé.

Il nous survient encore une crainte à l'esprit, c'est que, malgré tout ce que nous avons essayé de suggérer dans le cours de l'exposé de notre méthode, il ne se rencontre encore des personnes qui s'étonnent de ne jamais nous entendre dire, dans l'édification de nos formes, qu'à *telle* époque, *telle* ou *telle* branche charpentière doit être raccourcie à *telle* dimension, de *telle* manière, sur *tel* œil ; que les rameaux fruitiers doivent subir *telles* opérations pour fructifier, en un mot de ne jamais nous entendre prononcer les mots de *taille* ou *tailler*, ne pouvant se faire à l'idée que l'on puisse conduire des arbres fruitiers sans leur couper quelque chose, sans les *tailler*, tant est grande la puissance des idées fausses, une fois inculquées. Or, c'est une chose incroyable, combien d'idées fausses doivent leur origine et leur propagation à l'impropriété des termes !

Tous les jours on entend des personnes dire que leurs arbres ne fructifient pas, parce qu'ils n'ont pas été assez bien *taillés* ; c'est justement le contraire qui est absolument vrai, c'est parce qu'ils le sont trop, qu'ils ne fructifient pas.

Parce que tailler un habit signifie proprement couper une étoffe d'une certaine façon, d'après une certaine méthode et des mesures données, de manière que l'ensemble passif des morceaux ajustés forme un tout représentant le plus exactement le genre d'habillement que l'on avait en vue, et s'adapte le plus élégamment possible à l'usage qu'on en voulait faire ; parce que l'idée d'un habit bien fait est inséparable de cette autre idée, qu'il a dû être bien *taillé*, et parce que (sans motif, il est vrai) on a été accoutumé à entendre appliquer le mot *tailler* à certaines opérations ayant pour but de changer la forme naturelle d'un arbre fruitier, on s'est figuré que pour fructifier, il fallait qu'un arbre fût *taillé* ; bien plus, qu'il ne pouvait fructifier qu'à la condition de l'être, c'est à dire qu'à la condition qu'il lui fût coupé quelque chose. Or, nous le répétons, c'est justement le contraire qui est absolument vrai.

S'il est quelque chose qui soit vrai, vrai au point que l'on ne comprendrait pas que le contraire fut possible, c'est l'aptitude, la propension, la tendance à la fructification de l'arbre abandonné à la nature : il fructifie, il doit fructifier, parce qu'il faut qu'il fructifie, parce qu'il accomplit ainsi sa destinée ; mais cette exubérance de fructification peut nuire aux fruits ; la quantité peut être préjudiciable à la qualité, et l'on peut avoir des raisons pour sacrifier la première à la seconde. Dans les conditions d'indépendance où il vit, la forme que l'arbre prend peut ne pas convenir, et l'on peut désirer lui en voir revêtir une autre ; ses proportions peuvent être embarrassantes, et il est possible que l'on souhaite les voir restreintes au point de pouvoir le faire s'accommoder de certains espaces ou emplacements qu'on désire lui faire occuper, pour qu'il y profite de certains avantages d'exposition qui contribueront aux raffinement des fruits. Par tous ces motifs, on est amené à supprimer, à raccourcir et à tenir raccourcie, dans une certaine mesure, une certaine portion de sa charpente et à ne lui permettre pas de s'étendre selon ses instincts et sa vigueur ; telle a été l'origine de la taille, et tel devrait être son objet. Mais comme la charpente aérienne d'un arbre est justement la mesure de sa charpente souterraine, c'est à dire de ses racines, par lesquelles il s'alimente, il en résulte que la sève, puisée par celles-ci dans le sol et renvoyée vers les branches pour les courrir, ne trouvant plus dans leur charpente, restreinte et réduite par des raccourcissements annuels, un champ assez vaste pour utiliser ses matériaux et les épuiser en productions harmoniques et suffisamment élaborées, la pléthore de l'arbre s'en suit ; les yeux ou boutons qui se seraient allongés de quelques millimètres au plus, et qui, par une élaboration paisible des matériaux de la sève fournie en juste mesure, se seraient lentement transformés en tissus d'une complication sagement appropriée à l'état floral, venant à être envahis et inondés subitement, et avec persévérance, par une sève exubérante et sans préparation, se hâtent de la dépenser en tissus les plus simples et moins bien organisés, c'est à dire en productions à bois et en gourmands qui détruisent l'équilibre de la charpente, et contre lesquels et leur tendance à se reproduire constamment sous l'influence des mêmes causes constamment renouvelées, on a été réduit à instituer une nouvelle série de suppression, dont les détails encombrent les livres des auteurs et absorbent le temps des jardiniers, pour amener à fruit, comme ils le disent, et maintenir en état de fructification leurs arbres, qu'ils ont éloignés et fait dévier de cette tendance si naturelle par leurs suppressions aussi inutiles qu'intempestives. Ils sont toujours obligés de *tailler* parce qu'ils ont déjà *taillé* ; la *taille* amène la *taille* ; la suppression amène la suppression, parce qu'elle amène la révolte et que celle-ci exige le châtiment et ainsi de suite.

Dans notre méthode, au contraire, l'arbre, ne subissant d'autres suppressions que celles nécessitées et opérées *une fois pour toutes,* pour le réduire au nombre voulu de ses branches charpentières (au besoin d'entretien et d'accroissement desquelles il proportionne, bien vite, l'importance du réseau de ses racines), il en résulte que la sève, n'arrivant qu'en quantité modérée et proportionnée au besoin desdites branches charpentières, s'épuise en grande partie dans le travail de leurs prolongements, qui ne sont jamais raccourcis, mais utilisés dans des directions convenables pour l'agrandissement de l'édifice, et qu'elle ne reflue dans les yeux et les bourgeons latéraux qu'en proportion convenable et avec un degré d'énergie justement approprié à la lenteur du travail par lequel ils passent à l'état compliqué de productions florales. Aussi, nous le répétons, nos branches charpentières n'offrent-elles de gourmands que dans de rares exceptions et en certains points par trop privilégiés de la sève ; l'arbre se comporte, quoique soumis à un assujétissement complet, absolument comme s'il était en liberté et livré à la nature ; étant complétement soumis et docilisé sans mauvais traitement, il ne se révolte pas et n'a pas besoin d'être puni et châtié périodiquement.

DEUXIÈME CLASSE

FORMES EN BOSSE OU EN RELIEF

Forme en Crinoline (Pl. V. Fig. 10).

ORIGINE ET HISTORIQUE DE CETTE FORME (A)

Il faisait chaud le 22 juillet 1856, s'il vous en souvient ; je

---

(A) Le jour de l'exposition dont nous avons parlé au commencement de ce livre, une personne, à qui certaine position (qui lui était faite temporairement) semblait avoir suggéré la présomption de se croire appelée à dicter des lois immuables à l'arboriculture et aux arboriculteurs, après nous avoir demandé depuis combien de temps nous avions conçu et mis à exécution l'idée de la crinoline, et sur notre réponse qu'il y avait sept ans, s'avança à dire que depuis neuf ans elle avait fait cette forme..... à Paris! Il ne nous parut point cependant, ni à aucun des assistants, que cette personne eut, malgré son dire, une idée bien claire de la manière d'obtenir la forme en question avant l'explication que nous eûmes l'obligeance de lui donner à ce sujet ; et nous sommes assuré qu'il n'est personne qui ne trouvera pas au moins bien extraordinaire que si l'on avait, comme on le prétend, connu et exécuté, à Paris, une semblable forme depuis neuf ans (en supposant même qu'elle n'ait pas tous les mérites que nous lui attribuons), pas un auteur n'en ait fait mention, alors qu'ils ont coutume d'entrer dans des détails sur toutes celles connues, aussi insignifiantes qu'elles soient, et que soi-même on n'en ait jamais dit un mot jusqu'ici, et qu'on ne l'ait point répétée, au moins une seule fois, dans le pays où l'on pratique, ne fut-ce que comme objet de fantaisie et de curiosité, lorsque l'on ne se fait point faute de montrer tout ce que l'on sait, et d'enseigner et d'exécuter bien d'autres formes qui sont bien loin d'égaler celle-ci, même sous le dernier rapport.

N'y aurait-il point lieu de penser, en accordant par impossible qu'on eut réellement fait une forme de ce genre : ou bien qu'on n'aurait fait que quelque chose d'informe, sans principe et sans valeur, puisque on y a renoncé et qu'on n'y a plus songé depuis ; ou bien que l'on se serait rencontré dans la position du coq ayant trouvé une perle. Mais ce qu'il y a de plus sensé à penser, c'est qu'il est des individus qui ne veulent jamais paraître distancés et qui, s'ils croyaient qu'il y eut de la gloire à avoir pondu un œuf, diraient qu'ils en ont pondu deux ; et si quelqu'autre prétendait en avoir pondu deux, affirmeraient en avoir pondu douze. Si j'avais dit que je faisais des crinolines depuis neuf ans au lieu de sept, il y a cent à parier qu'on se fût trouvé en avoir fait depuis onze ans.

Au surplus, faire une crinoline ou tout autre forme n'est rien ; c'est avoir trouvé, démontré et formulé le grand principe général et générateur duquel découlent et doivent procéder toutes les formes fruitières, qui est quelque chose ; et cette gloire là, c'est celle de la *méthode*.

faisais le voyage d'Angoulême à Cognac, dans le coupé de la voiture publique, séparé par un vieux monsieur à perruque jaune et à l'air morose, d'une brillante dame à vêtements à crinoline dont l'ampleur, ne pouvant contenir dans le compartiment, se relevait à chaque extrémité après nous avoir littéralement ensevelis tous les trois, jusqu'au cou, sous ses bouillons soyeux ; le vieux enrageait dans sa barbe grise rasée de frais et court, comme si on l'eut flambée ; la dame ne cessait d'agiter un charmant petit éventail parfumé ; moi, j'étouffais bien aussi un peu, mais qu'y faire ? Arrivés à destination, je descends le premier, l'autre ensuite ; puis, appuyée au bras du conducteur, la dame preste et leste saute à son tour ; mais en prenant terre, la malencontreuse crinoline, sous l'envergure de laquelle l'air s'était engouffré, coiffe le chef du vieillard et jette sa perruque en bas. Il y eut pour tous un moment de silence ; puis lui, brossant du revers de sa manche ses cheveux jaunes qu'il venait de ramasser dans la poussière, l'œil agité et volubile comme celui d'un singe auquel on aurait jeté un trognon de chou (A), les sourcils rapprochés, les lèvres écartées, leurs commissures relevées et entraînées du côté des oreilles, les mâchoires contractées convulsivement, blême, presque pâmé de rage, laissa tout à coup échapper par saccades deux ou trois cris à peine articulés, où l'on comprenait à peu près ceci : « Vête...ment.., i...gno...ble! c'est une in...in...dé...cence, une hon...te, un...un...un...un...! » Et comme il n'achevait pas, je ne sais comment cela se fit, mais l'expression de *péché,* comme étant le qualificatif cherché, me vint à l'esprit, et associée à celle de crinoline, et changeant plusieurs fois de rapport,

---

(A) A Dieu ne plaise que je veuille railler la vieillesse, car j'ai vu les plus chers des miens avec des cheveux blancs et dans cet état de faiblesse tremblottante qui appelle la sympathie et la vénération ; d'ailleurs moi-même j'en approche, c'est donc tout simplement un fait que je raconte ; et au surplus le personnage dont il est question ici était bien moins un vieillard en réalité, qu'il n'en avait l'air. Ce dont je ris, ce n'est point de la vieillesse, mais de certaine mine morose et rageuse qui contraste si fort avec l'air de douce bonhommie, si naturel et si enchanteur sous les cheveux blancs

fit passer successivement sous l'œil de ma pensée le sens indécis de *péché de la crinoline, crinoline en péché, péché en crinoline;* puis, comme je commençais alors à m'occuper d'arboriculture et que j'avais presque toujours les arbres en tête, le mot de *péché,* à cause de sa consonnance sans doute, réveilla le souvenir du mot *pêcher,* qui, se substituant, avec l'idée de l'objet qu'il désigne, au premier et à l'acte qu'il signifie, arriva bien vite, par je ne sais quelle bizarre association d'idées, avec moins de temps que je n'en mets à m'efforcer de l'expliquer, à constituer pour moi un mauvais jeu de mots, duquel et de la circonstance bizarre qui lui avait donné lieu, perpétuer le souvenir me parut chose plaisante. Rentré chez moi, aussitôt la saison venue, je me mis à l'œuvre, et c'est de ce gai travail et de ses résultats inespérés et du dernier sérieux que je viens vous rendre compte.

Manière de l'obtenir : Autour de votre sujet comme centre, tracez une circonférence de deux mètres environ de diamètre; sur cette circonférence, à quatre points également distants entr'eux, plantez quatre échalas, d'une longueur telle, qu'étant solidement fichés en terre, ils présentent au-dessus du sol une hauteur de deux mètres au moins; inclinez-les par tête les uns sur les autres vers le centre, de manière à réduire le diamètre supérieur au quart de l'inférieur au moins. A 40 ou 50 centimètres du sol, circonscrivez-les tous les quatre par un cercle en bois ou en fil de fer un peu fort; à 30 centimètres au-dessus de celui-ci, placez-en un second, puis un troisième au-dessus de ce dernier, et à même distance; ainsi de suite jusqu'en haut. Vous aurez alors obtenu une figure représentant un cône tronqué ou une *crinoline.* Rien de plus simple que ce qui reste à faire : rabattez votre sujet sur cinq ou six yeux environ; favorisez le développement des quatre plus inférieurs situés le plus près possible de la base de la tige, également répartis autour et bien conformés; dirigez les quatre bourgeons qui en proviendront (et à mesure de leur développement) sur de petites baguettes, obliquement de bas en haut, comme autant de rayons à la rencontre du cercle inférieur, qu'ils se trouvent diviser ainsi en quatre parties égales, et sur lequel vous les coucherez et les conduirez tous les quatre dans le même sens, jusqu'à ce que l'extrémité des uns rencontre et dépasse un peu les talons formés par la courbure des autres, talons sur lesquels vous les souderez par greffe en approche.

Ce premier cercle végétal étant ainsi obtenu, sur les extrémités de ces quatre branches qui viennent de concourir à sa formation, le plus près possible de leur soudure, mais en-deçà et jamais au-delà, favorisez le développement de quatre nouveaux rameaux que vous éleverez directement à la rencontre du cercle immédiatement supérieur, sur lequel vous les coucherez et les conduirez absolument comme pour le premier, mais dans une direction inverse, c'est-à-dire : que si le courant, dans celui-ci, va de droite à gauche, dans le second, vous l'établirez de gauche à droite ; et à la rencontre des extrémités avec les talons, vous les grefferez en approche ; puis, près de ces nouvelles soudures, vous élèverez quatre nouveaux rameaux pour aller former le troisième cercle, ainsi de suite.

Il a été dit que les rameaux que l'on élevait des branches d'un cercle inférieur, pour aller former le supérieur, devaient être pris sur les extrémités de ces branches, le plus près possible de leur soudure, mais en deçà et non au-delà ; en voici la raison : ces rameaux devenant le véritable prolongement des dites branches, continuent en cette position à appeler la sève dans toute leur longueur ; tandis que si on les élevait sur tout autre point de ces branches et loin de leur soudure, ils aspireraient la plus grande partie de la sève, au détriment de toute la portion de la branche qui les supporte, comprise entre la soudure et leur point d'attache. C'est un inconvénient que nous signalons, parce que nous y sommes tombé à nos débuts. Ajoutons maintenant pourquoi il a été recommandé de rabattre le sujet sur cinq ou six yeux, bien que, jusqu'à présent, il n'en ait été utilisé que les quatre plus inférieurs : c'est d'abord, pour ne pas se trouver au dépourvu dans le cas où quel-

qu'un de ces yeux sur lesquels on comptait viendrait à ne pas
végéter ; ensuite afin de pouvoir former, au moyen du supérieur,
un petit prolongement que l'on tiendra maté par le pincement
à une longueur de 50 ou 60 centimètres, et sur lequel prolongement on prendra, parmi les productions qui seront nées autour,
quatre nouveaux rameaux qui seront abaissés et conduits sur
les branches mères qui leur correspondent, et avec lesquelles
on les soudera en approche, un peu avant le point où celles-ci
sont coudées pour former le premier cerceau végétal. Ces quatre nouveaux rameaux, tout en rapportant aux branches mères
le reste de sève que le chicot de la tige peut encore aspirer,
formeront autant de bras de force qui contribueront à la solidité de l'édifice, en l'empêchant de s'élever ou de s'affaisser,
lorsqu'après son achèvement complet on voudra enlever le
bâti qui lui a servi de carcasse.

Il va sans dire 1° que tout le surplus, autre que ces quatre
derniers rameaux, doit être supprimé ou converti en coursons
fruitiers, au moyen du pincement, à moins que l'on ne désire ·
laisser prolonger la tige au-dessus de la crinoline pour y
exécuter ensuite le buste d'un personnage qui paraîtrait sortir
de son intérieur ; la chose peut tenter la curiosité de l'amateur,
mais la vigueur de la crinoline pourrait en souffrir ; 2° que
toutes les autres productions qui peuvent se développer le long
des branches charpentières, doivent être tenues pincées et
converties en coursons fruitiers. Il n'est pas besoin d'ajouter
que les soudures en approche se font pendant l'état herbacé
des extrémités pour les espèces à noyaux, et après l'aoûtement pour celles à pepins.

Voici maintenant une autre manière, peut-être plus simple et
plus facile à comprendre, d'obtenir cette forme : après avoir
conduit comme dans le premier cas les quatre branches mères
sur le premier cercle et les y avoir couchées, lorsque les
extrémités des unes viennent à rencontrer les talons des autres,
au lieu de les y souder, on relève directement leur pointe pour
les conduire, à mesure de leur développement, vers le cercle

supérieur, sur lequel on les couche en sens inverse du premier ; puis, lorsqu'elles viennent à se rencontrer de nouveau, talons contre extrémités, on les relève une seconde fois pour les conduire sur le troisième cercle sur lequel on les couche, mais inversement de celui qu'elles viennent de quitter, et ainsi de suite, de manière à obtenir un édifice à quatre valves ondulées (chacune de forme trapèzoïdale) susceptibles de pouvoir s'écarter et s'ouvrir pour laisser voir l'intérieur. On peut les maintenir ainsi réunies au moyen de liens placés à la rencontre de leurs courbures, ou bien les souder, si l'on préfère, par greffe en approche ordinaire pour les espèces à pepins et pour celles à noyaux par greffe en approche herbacée, au moyen d'un bourgeon qu'on laisse se développer près de la courbure ascendante de l'une, pour aller se réunir au talon de l'autre.

Pour réduire autant que possible les frais d'établissement, comme l'on ne peut guère obtenir qu'un étage par année (du moins au commencement) on peut se dispenser d'établir tous les cercles de la carcasse à la fois; il suffit du premier d'abord, puis, lorsqu'on a obtenu le premier tour végétal, on remonte le cercle, en le rétrécissant, pour l'établir au second étage, ainsi de suite.

La planche 5 montre une de ces formes en crinoline et plusieurs de ses congénères ouvertes et étalées et le mécanisme de leur formation.

Cette belle forme, qui semble à première vue s'éloigner de la simplicité de la méthode, rentre (comme il ressort de ces détails) complétement dans ses commandements, puisqu'elle n'est en définitive composée que de quatre branches dont les ondulations, en se rapprochant, constituent tout l'édifice. Engendrée de la ligne ondulée, on peut la considérer à son tour comme le générateur d'un certain nombre d'autres formes analogues. En effet, si au lieu de l'établir sur une série de cerceaux superposés, dont le premier doit avoir environ deux mètres de diamètre, et qui vont en diminuant d'amplitude de sa base à son sommet, 1° on l'entreprend avec un bâti dont tous les cerceaux sont d'un même diamètre (d'environ 60 à 70 centimètres), on obtiendra une magnifique colonne cylindrique de même mérite et de même élégance ; 2° si, au contraire, on fait chavirer la charpente de manière à avoir le plus petit cerceau à la base et le plus large en haut, on aura une crinoline renversée ou un superbe vase ; toutefois, l'auteur n'en conseille la formation que comme objet de fantaisie, parce qu'il est à craindre ici que la plus grande somme de végétation se trouvant au sommet, la base ne se dégarnisse promptement ; 3° si, au lieu de l'établir sur une série de cerceaux, on l'entreprend sur une série de carrés superposés, on aura une colonne quadrilatère d'un très bel effet ; 4° et si ces carrés vont en diminuant de surface, de la base au sommet, on obtiendra une majestueuse pyramide quadrangulaire, un superbe obélisque (A). On peut encore de même, en l'établissant sur une série de triangles superposés décroissants de la base au sommet, produire avec trois branches une pyramide triangulaire ; et si on l'établit sur des triangles égaux, il en résultera une colonne triangulaire ou un prisme à trois faces.

Disons encore que si au lieu de clore complétement la crinoline en rassemblant les quatre valves dont elle se compose, on supprime l'une d'elle ou qu'on ne la forme pas, en laissant vide la place qu'elle devrait occuper, on obtient un édifice ouvert par un côté et où l'on peut entrer comme dans un cabinet. Ajoutons enfin pour terminer, que si au lieu d'établir la crinoline à 40 ou 60 centimètres de terre, on ne la commence qu'à une hauteur de 1ᵐ 60ᶜ à 1ᵐ 80ᶜ, et sur une série de cerceaux qui iraient en diminuant plus rapidement du premier au dernier, de manière à clore presque l'édifice au sommet, on aurait un superbe chapeau chinois, un véritable parasol ou parapluie sous lequel on pourrait se mettre à couvert.

(A) On pourrait avancer avec tout autant de raison que l'une quelconque de ces figures peut servir de générateur à la crinoline et à ses congénères ; aussi, si nous attribuons à celle-ci ce rôle important, c'est seulement pour constater et établir l'ordre chronologique de leur conception.

La conduite d'un arbre en crinoline est donc quelque chose de capital en arboriculture fruitière ornementale , puisque savoir faire cette forme, c'est savoir en faire au moins cinq ou six autres également d'un haut mérite ; et nous espérons que ceux qui voudront l'essayer sur les indications données plus haut, obtiendront un résultat brillant, épuré de toutes les imperfections résultant des tâtonnements par lesquels nous avons dû nécessairement passer et qui ont entaché nos créations de certains défauts, facilement évitables maintenant. Cette forme, plus productive sous un volume donné que la pyramide des jardiniers la mieux conduite et la mieux fournie, (on s'est assuré qu'elle mesure un développement linéaire de près d'un tiers supérieur à n'importe quelle autre forme en plein air, de même volume), cette forme, disons-nous, belle en toute saison , admirable pendant toute la durée de la végétation, incomparable pendant la floraison, surtout édifiée au moyen d'un pêcher à fleurs doubles, doit, avec ses congénères, remplacer exclusivement toutes les grandes formes anciennes de plein air. Isolée au milieu d'un carré, elle fait un très bel effet; répétée en ligne un grand nombre de fois, elle doit être aussi ornementale que productive.

L'auteur n'a pas pu se donner toutes ces satisfactions, à défaut d'espace ; mais ce n'est pas sans émotion qu'il se représente par la pensée une grande allée de jardin, ornée de chaque côté d'une longue file de ces superbes robes à six ou sept volants de deux à trois mètres de hauteur.

Constellation de Pomone (Pl. V, Fig. 11, 12, 13, 14).

C'est en voyant ouverte et étalée une fleur des champs, à l'épanouissement de laquelle il avait pour ainsi dire assisté, que l'auteur conçut l'idée de ces figures théoriques pour servir à l'explication de la conduite de la crinoline et des formes qui en sont engendrées. Si la figure 11 était établie sur des cerceaux au lieu de l'être suivant des carrés, elle représenterait une crinoline. Telle qu'elle est, elle montre un obélisque ou pyramide quadrilatère réduite à ses éléments constitutifs, c'est à dire à son petit nombre de branches ondulées, séparées les unes des autres, écartées et renversées pour laisser voir à vol d'oiseau le tronc central dont elles sont nées, et duquel elles se dirigent ensuite vers la circonférence. A est le tronc, A B C D sont les branches. Supposez par la pensée qu'on les prenne par leurs sommets D, qu'on les redresse et les rapproche, alors vous aurez la figure reproduite *ronde, carrée* ou *triangulaire*, selon la forme du plan inférieur qui a servi de base. Ces figures font voir que la crinoline et toutes ses congénères, bien qu'ayant l'air d'être compliquées, sont d'une simplicité quasi élémentaire, et qu'elles dérivent toutes du *même principe générateur : la branche brisée ou ondulée* (voir les figures).

On a cru devoir donner à ce groupe de figures théoriques, servant à l'explication d'un si grand nombre de formes fruitières du premier mérite, la dénomination de *constellation de Pomone.*

L'auteur n'a point fait encore, on le conçoit, toutes les formes que la crinoline tient enfermées dans ses plis, mais avoir obtenu cette mère Gigogne, c'est être assuré de pouvoir obtenir un jour autant de petits qu'on en voudra.

Il croit devoir, en quittant ce sujet, demander pardon au lecteur de s'être complu à le promener longuement, trop longuement, dans les fastidieux détails de la conduite de cette forme ; mais c'est que cet intéressant genre fruitier, né en première idée dans son esprit d'un mauvais jeu de mots (*le péché, le pêcher en crinoline*) et exécuté par lui comme une espèce de défi qu'il s'était porté à lui-même, se trouve aujourd'hui (vu même à l'œil de la plus sévère analyse) être élevé aux proportions d'une conception fruitière de premier mérite, car il renferme et résume sans exception tous les commandements de la méthode :

1o *Brisure ou ondulation du parcours des branches charpen-tières,* rendant impossible leur dégarnissement.

2o *Petit nombre de celles-ci,* facilitant le maintien d'équilibre entr'elles (A).

3o *Insertion d'icelles les unes près des autres sur la tige,* augmentant encore cette facilité.

4o *Retour alternatif de leurs faces en dessus et en dessous,* assurant l'équilibre de rigueur entre leurs coursons fruitiers.

5o *Limitation de la figure dans les sens transversaux,* fai-sant disparaitre les inconvénients de l'envahissement.

6o *Solidité de l'édifice,* assurant la récolte contre les coups de vent.

Ajoutez à cela : 1o facilité d'exécution, puisqu'il ne s'agit que de conduire quelques branches données sur des supports établis à l'avance; 2o modicité de dépense, puisque quatre échalas et un fil de fer ou un cercle en bois de six mètres de longueur suffisent pour faire tous les frais; et vous aurez le bilan de ses mérites substantiels, sans parler de ses qualités ornementales.

Et toi, arbre néfaste, qui fis le péché éternel, la fille d'Ève te pardonne, puisque le péché *(le pécher)* doit rendre la crinoline immortelle, et que toi et tous tes camarades de l'Eden pouvez désormais et éternellement dissimuler vos défauts sous son éblouissante enveloppe !

Ainsi soit-il.

(A) Jusqu'à présent, nous avions fait et nous avions conseillé de faire la crinoline avec quatre branches sans divisions, parce que plus le nombre en est petit, plus on a de chance de les trouver de même force, et plus on a de facilité pour main-tenir l'équilibre entr'elles; mais après y avoir réfléchi longtemps, nous pensons cependant aujourd'hui, que si l'on pinçait ces quatre branches à trente ou quarante centimètres du tronc, de manière à les faire bifurquer chacune en deux sous-mères et obtenir ainsi huit rameaux qui iraient se coucher sur le cercle, on pour-rait néanmoins, avec un peu de surveillance, parvenir à maintenir l'équilibre entr'eux, d'autant mieux que se greffant les uns sur les autres, le plus vigoureux fournit à celui qui l'est moins. On y gagnerait ainsi un peu de temps dans la formation, (bien que toutefois un nombre double de branches ne donne point une rapidité double) et on aurait en outre l'avantage d'avoir des ondulations d'une amplitude moindre de la moitié dans leurs parties horizontales, puisque le nombre en serait double. Or, l'on connait l'avantage des courbures répétées.

Colonne cylindro-cirçoïde.

Cette forme s'obtient, ainsi que nous l'avons dit au chapitre de la crinoline, sur une série de cerceaux superposés, tous d'un même diamètre de 60 centimètres environ (A). De même que la crinoline doit prendre la place, dans les jardins fruitiers, de toutes les pyramides ou grandes formes de plein air, celle-ci doit remplacer, sans exception, toutes les anciennes petites formes en fuseau, quenouille, etc., sur lesquelles elle a tous les genres de supériorité ; car en outre de sa solidité, de son élégance, de la rapidité de sa formation et de son orthodoxie complète, à une hauteur moyenne de $2^m 50^c$, et par conséquent sous un volume de 67^c cubes seulement, elle fournit un développement linéaire de branches charpentières de 21^m, et nulle des autres, même des mieux fournies, ne peut rivaliser avec elle sous ce rapport.

Colonne cylindro-spiroïde ou à double courant inverse.

Cette forme n'appartient point à proprement parler à la méthode, des principaux commandements de laquelle elle s'éloigne au contraire ; mais elle s'en rapproche assez par sa solidité et la limitation transversale de sa charpente, pour que nous ayons cru devoir en donner la description, et même en conseiller l'usage au point de vue de l'utilité, de l'élégance et de la facilité de son obtention.

La première idée nous en a été suggérée par la colonne spi-

(A) Les colonnes quadrilatères, prismatiques, pyramidales, etc., etc., s'obtiennent par les mêmes procédés (voir les figures 11, 12 et 13 de la planche 6).

rale de M. Luiset d'Equilly, décrite par le savant professeur Dubreuil. Tout le monde connait cette charmante forme qui consiste en trois sujets, chacun à une seule branche sans ramifications, plantés et enroulés en spirales, courant dans le même sens, sous un angle de 15 degrés, autour d'un cylindre creux de 60 centimètres de diamètre et de plusieurs mètres de haut, fait avec six tigelles de fer réunies de distance en distance par des tringles également en fer. Séduit par son élégance et sa simplicité, nous l'avions adoptée avec enthousiasme au début de notre pratique ; mais, en outre des défauts nécessairement inhérents à toute forme qui ne procède pas directement des principes de la méthode, nous ne tardâmes pas à lui en reconnaître deux autres très graves :

1º Les spires parallèles et marchant dans le même sens qui la composent, étant libres et indépendantes les unes des autres, tendent toujours au redressement et à la déformation, et nécessitent, pour obvier à cet inconvénient, l'emploi à perpétuité de l'échafaudage coûteux qui a servi à leur édification ; ce qui met dans l'impossibilité de l'enlever après formation, pour l'utiliser à d'autres colonnes semblables.

2º Ces trois sujets vivant en plein air sans ramifications et n'étant pas gênés de voisins, deviennent vigoureux et atteignent bien vite des proportions embarrassantes qui nécessitent d'importants raccourcissements annuels, capables de faire convertir en gourmands les coursons fruitiers ; à moins que l'on ne se résigne à ajouter tous les ans, pendant longtemps, un prolongement additionnel, embarrassant et coûteux, au cylindre ferré primitif déjà passablement coûteux lui-même.

Désireux de conserver quand même cette forme à l'arboriculture, voici par quelles modifications importantes nous sommes arrivé à faire disparaitre ses défauts capitaux : au lieu de l'établir au moyen de trois sujets périphériques, nous l'édifions avec un seul sujet planté au centre du cylindre, et auquel nous faisons fournir trois branches seulement qui viennent aboutir à la périphérie, à une hauteur du sol de 40 centimètres environ, et régulièrement espacées. Arrivées à ce point, ces trois branches sont pincées sur deux yeux latéraux, et chacune d'elles fournissant par conséquent un rameau pour s'enrouler de droite à gauche et un autre de gauche à droite, on aura six spirales, trois courant dans un sens, représentant la colonne Luiset, et les trois autres s'enroulant en sens inverse des premières et les croisant en losanges ; il en résultera une colonne *cylindro-spiroïde à double courant inverse*. Rien de plus facile alors que de maintenir la solidité de l'édifice, soit au moyen d'un lien placé à chaque entrecroisement, soit en les soudant en approche ; et non seulement alors l'échaffaudage peut être enlevé à l'achèvement, mais il est même très facile, avec un peu de soin, de continuer l'édifice sans lui, dès qu'il y a un premier entrecroisement d'opéré ; ce qui réduit presque à rien les frais de treillage, que l'on peut établir en bois et de quelques mètres de haut seulement.

TROISIÈME CLASSE

FORMES MIXTES

Forme en canapé (Pl. VI. Fig. 15).

La figure appartient à plusieurs plans comme l'indique la classe dont elle dépend.

Pour la bien comprendre, il faut se représenter deux plans principaux, dont l'un vertical, auquel appartiennent les portions B C. B' C'. B'' C''. B''' C'''., etc., de toutes les branches formant le dossier du canapé ; l'autre horizontal, coupant le premier à 40 centimètres du sol suivant la ligne C. B. B. C. et sur lequel reposent toutes les portions D E, D' E', D'' E'',

D'''' E''''., de toutes les branches de la figure, et la totalité de la branche B C D E la plus inférieure, dont la portion B C fait en même temps partie du plan vertical, étant située sur sa ligne d'intersection avec le plan horizontal. La portion C D de cette première branche quittant ce plan vertical au point C, s'en éloigne perpendiculairement pour se diriger vers l'opérateur, tout en suivant le plan horizontal. Arrivée au point D de ce dernier, après s'être coudée à angle droit, elle s'y allonge indéfiniment dans une direction parallèle au plan vertical, c'est à dire que si elle était tirée par son extrémité de manière à ne faire qu'une ligne droite avec sa portion B C, elle se trouverait tout entière appliquée en placage sur la ligne B C d'intersection des deux plans et son prolongement E. ...X. La portion B' C' de la deuxième branche B' C' D' E' quitte le plan vertical au point C' pour s'en éloigner, non pas perpendiculairement, comme la portion analogue de la première branche dont nous venons de parler, mais pour descendre au contraire selon un plan incliné jusqu'au point D' du plan horizontal, sur lequel elle se couche et marche dans une direction parallèle à la portion D E de la première branche. La portion B'' C'' de la troisième branche quitte à son tour le plan vertical au point C'', et s'abaisse suivant un plan encore plus incliné que celui de la deuxième, pour arriver au point D'' du plan horizontal, sur lequel elle marche à son tour parallèlement aux deux premières ; et ainsi de suite des autres, dont les portions C''' D''', etc., etc., descendent vers le plan horizontal par des pentes d'autant plus déclives qu'elles appartiennent à des étages plus élevés sur la tige. C'est, en somme, à cette déclivité proportionnée à leur élévation que nous devons d'avoir réalisé le moyen de maintenir, entre ces divers étages de branches, un équilibre parfait sans avoir recours à la mutilation de leurs extrémités, comme le font les jardiniers.

Cette forme n'est, comme on le voit, que la palmette des auteurs, simple, double ou en lyre, selon la forme première de la tige ou des branches mères, ramenée autant que possible aux commandements de la méthode. Elle s'obtient absolument de la même manière, mais par le moyen de l'arcure au lieu du recépage, comme étant plus expéditif.

Ainsi le sujet est rabattu sur deux yeux latéraux, A. A. qui formeront à droite et à gauche la première série de branches A B C D E. Lorsque ces branches auront acquis une force suffisante, au printemps de la seconde année, je suppose, ou plus tard, sur chacune d'elles, au point B, on laisse développer un bourgeon que l'on conduit suivant la ligne B B', C' puis que l'on abaisse en D'; et quand à son tour cette seconde paire de branches est suffisamment renforcée, on élève sur elle au point B' une troisième paire que l'on conduit suivant la ligne B' B" C" D", etc., etc., jusqu'à ce qu'on ait obtenu le nombre de séries suffisant pour atteindre la hauteur de l'emplacement.

Comme ces séries ne se forment que successivement, on peut de même n'établir qu'à mesure les petits échafaudages qui leur servent de tuteurs. Il va sans dire que pendant toute la durée de l'allongement de ces rameaux, et quelle que soit la direction qu'on doive leur donner, leurs extrémités doivent être tenues relevées sur un angle d'au moins 45 degrés, pour y appeler la sève et favoriser leur croissance.

La meilleure distance à conserver entre chaque série de branches pour cette figure, comme pour toutes les figures composées, est de 30 à 40 centimètres environ. Cette forme convient spécialement pour les murs très-bas, de 1 mètre à 1 mètre 20 au plus; elle utilise en même temps la plate-bande située au devant, dans une largeur égale à la hauteur de la muraille, et qui resterait improductive sans cela, puisque l'on recommande, à tort peut-être, de n'y cultiver ni légumes, ni fleurs; de plus elle la protége contre la sécheresse par l'ombrage de ses branches horizontales. Cette forme ferait un très bel effet, répétée un grand nombre de fois en plein air, le long d'une grande allée, où il serait facile de l'élever au moyen d'un échafaudage de peu de frais.

Forme en blason.

Nous n'avons pas donné de dessin de cette forme, vu la difficulté de la reproduire ainsi, bien qu'elle soit facile à comprendre vue sur nature ; nous allons toutefois essayer d'en donner une idée.

Supposez l'extrémité d'un mur très bas, (1^m à 1^m 20^c) et recouvert d'une plate-forme en pierre de taille, tel, par exemple, que celui qui séparerait deux compartiments d'un jardin en amphithéâtre. Contre ce mur, du côté bas, plantez un sujet vigoureux rabattu sur deux yeux ou bourgeons, au moyen du développement desquels vous exécuterez, en leur faisant parcourir un trajet tracé d'avance, une figure ressemblant à quelque chose comme une couronne ou tout autre emblème héraldique ; lorsque l'extrémité de l'une de ces deux branches, après avoir contribué à former la figure, atteindra la hauteur du rebord antérieur et supérieur de la plate-forme, vous la coucherez sur ce plan et vous la conduirez vers le rebord postérieur, non pas en ligne droite, mais en lui donnant une direction demi-circulaire ; arrivée à ce point, vous continuerez à la faire marcher dans le même sens en la ramenant vers le bord antérieur, à son point de départ, où elle complétera un véritable cercle comme un serpent se mordant la queue et vous l'y grefferez en approche sur elle-même. Sur cette extrémité, tout près de la soudure, vous favoriserez le développement d'un nouveau rameau que vous éleverez verticalement jusqu'à une hauteur de 40 centimètres ; alors vous couderez horizontalement son extrémité et la conduirez circulairement en arrière, de manière à lui faire exécuter un deuxième cercle, superposé au premier à une hauteur de 40 centimètres, qui lui soit parallèle et de même diamètre, mais ayant son courant en sens inverse. Sur ce deuxième cercle complété comme le premier par une soudure en approche, vous en éleverez un troisième, absolument de la même manière, avec un rameau pris sur son extrémité près de la soudure, à courant inverse de celui-ci et marchant dans le même sens que le premier; puis sur ce troisième vous en éleverez un quatrième, etc. Quand vous aurez obtenu le nombre de cerceaux que vous désirez, ou bien à mesure de leur formation, vous les unirez les uns aux autres au moyen de quatre petits rameaux verticaux, également distancés, que vous éleverez d'un cercle inférieur vers celui qui lui est immédiatement supérieur et sur lequel vous les grefferez en approche. Quand tous seront ainsi soudés, vous aurez obtenu une élégante et solide petite colonne circoïde.

Nous n'avons jusqu'ici parlé que de la conduite d'une des branches du sujet; mais elles ont dû marcher et s'élever simultanément toutes les deux pour former chacune sa petite colonne à 50 ou 60 centimètres de distance. Vous avez alors une figure mixte, représentant à sa partie inférieure, en placage contre le mur, une couronne surmontée de deux petits édifices turritulés reposant sur le plateau; c'est ce que nous avons cru pouvoir appeler la forme en blason. Si vous supposez que la muraille, au pied de laquelle l'édifice a été élevé, soit coupée en deux par un escalier de quelques marches qui feraient communiquer les deux compartiments du jardin ou qui monteraient à une terrasse, et que vous ayez effectué de chaque côté de cet escalier une forme semblable, vous pouvez être assuré d'avoir obtenu quelque chose de très ornemental et d'un charmant coup d'œil.

Avez-vous encore à utiliser et à orner une certaine portion (2 mètres par exemple) du dessus d'un mur très bas, tel que celui dont nous venons de parler, et dont la façade serait déjà occupée par quelques autres productions fruitières en placage? Au pied de ce mur, derrière les autres productions, vis à vis le milieu de l'espace que vous voulez orner, plantez un sujet que vous rabattrez sur deux yeux latéraux, juste au niveau du rebord supérieur du plateau de la muraille ; dirigez les rameaux qui proviendront de ces yeux, l'un à droite, l'autre à gauche le long de ce rebord, jusqu'aux limites de votre espace ; arrivé là, coudez-les tous deux directement en arrière, jusqu'au rebord postérieur du plateau sur lequel vous les couderez de nouveau pour les diriger le long de celui-ci, à la rencontre l'un de l'autre ; lorsqu'ils se seront croisés de quelques décimètres, relevez leurs extrémités en haut, en les arrondissant en demi-cercles dont les concavités se regarderont. A une hauteur de 40 centimètres, ces rameaux se rencontreront et compléteront à eux deux, en se croisant de nouveau, un anneau parfait ; puis continuant à s'allonger, ils seront reconduits parallèlement à leur premier parcours, mais à rebours et à une hauteur de 40 centimètres ; lorsqu'ils seront de retour vers le rebord anté-rieur, leurs extrémités seront relevées de nouveau jusqu'à 40 centimètres, puis recouchées horizontalement pour être recon-duites à reculons, en opérant comme la première fois.

Ce serait une manière très élégante d'orner un mur de terrasse, que de planter au pied un certain nombre de sujets avec lesquels on dresserait une série de petites crinolines, de petits obélisques ou de petites colonnes qui auraient l'air de reposer par la base sur le plateau du mur, leurs pieds ne s'aper-cevant pas, étant vus de la rue.

Il n'est pas jusqu'à un balcon d'une hauteur de 3 ou 4 mètres que l'on ne puisse ainsi brillamment décorer. Il suffit de plan-ter au dessous quatre sujets, deux à chaque bout et très près l'un de l'autre ; avec deux de ces sujets, on fait au-dessous des deux angles deux colonnes que l'on élève jusqu'à ce que leurs som-mets atteignent le dessous du balcon qu'elles ont l'air de sup-porter. Lorsque les deux autres sujets que l'on a laissé dévelop-per dans l'intérieur de ces colonnes sont arrivés au plateau supérieur du balcon, on les couche dessus et l'on y fait avec leur prolongement deux nouvelles colonnes qui paraissent être supportées par le balcon ; puis avec quelques-unes de leurs branches que l'on conduit de l'une à l'autre, on termine la garniture qui, pour l'élégance, vaut bien un grillage en fer ou en fonte, même avec dorure.

Voulez-vous enfin réaliser quelque chose de prestigieux ? Avec quatre branches d'un sujet très vigoureux, faites un cercle végétal à 40 ou 50 centimètres du sol, comme pour une crinoline, et non plus de 6 mètres de tour seulement, mais de 10 ou 12 mètres ; à l'extrémité de chacune des quatre branches qui ont concouru à la formation de ce cercle, et près de leur soudure, élevez un rameau vigoureux que vous pincerez à une hauteur de 50 centimètres environ ; avec les productions qui se développeront au dessous du pincement, autour de ces quatre nouveaux rameaux considérés dès lors comme autant de sujets nouveaux, formez (de la manière qu'il a été indiqué à leur chapitre) soit quatre petites crinolines, soit quatre colonnes ou quatre petites pyramides qui se trouveront ainsi établies et supportées sur le premier cercle fondamental ; puis au centre de l'édifice, avec le prolongement du chicot de la tige, à la hauteur où les autres finissent, dressez une cinquième figure semblable qui les domine toutes ; vous aurez alors un *candélabre composé en relief*, une espèce de grand lustre, un véritable objet d'art, et tout aussi susceptible de durée que la forme la plus simple et la plus élémentaire, parce qu'il est tout aussi symétrique, tout aussi bien équilibré, aussi rationnel et aussi logique, procédant toujours de la branche ondulée ou élémentaire. Le travail est un peu plus minutieux, j'en conviens, et demande un peu de temps et de patience ; mais rien n'est plus facile à faire pourtant, si vous avez pris soin d'en faire établir d'abord une carcasse en tigelles de fer par le treillageur. Certainement, il y a là de quoi tenter l'amour-propre d'un amateur passionné qui aurait à y consacrer un espace d'une trentaine

de pieds en plein air, une dizaine de francs pour les frais de
treillage et quelques moments de loisir; que s'il s'en trouvait
qui, désirant se procurer cette satisfaction, ne voudraient pas
pourtant s'en rapporter à eux-mêmes pour la réussite de l'édifice, l'auteur (bien qu'il n'en fasse pas son métier) se met à
leur disposition pour leur procurer dans l'espace de cinq ou six
ans la satisfaction de cette fantaisie, moyennant la bagatelle
de 3000 francs. C'est un peu cher, direz-vous, et un jardinier
le ferait peut-être pour trente ou quarante francs; c'est vrai,
mais avec nous, il y a cet agrément que, si nous ne livrons pas
l'œuvre promise, au lieu de *recevoir* la somme stipulée, c'est
nous qui la *payons* à l'amateur.

Nous pourrions continuer longtemps encore, mais il faut
laisser quelque chose à faire à ceux qui viendront après
nous et qui marcheront dans la voie que nous avons tracée. Nous
n'avons point fait, il est vrai, toutes ces dernières formes, mais
nous garantissons à ceux qui voudront les entreprendre une
réussite complète et abondante en satisfaction : qu'on nous en
croie sur parole.

DEUXIÈME PARTIE

CH... III

Autre ermite *Pierre* et nouveau *Torquato Tasso* à la fois. nous avons prêché la guerre sainte et chanté les principaux d'entre ces preux d'un autre genre, accourus les premiers à notre voix, sous la bannière de la foi nouvelle, pour voler en phalange serrée à la délivrance des domaines sacrés de Pomone, en proie à la profanation des infidèles ; nous avons dit à quel signe on les reconnaît aisément : à la majesté de leur port, à la simplicité de leur tenue, à la fierté de leur démarche, mais surtout à un air charmant de *famille*, et à leur oriflamme *ondulée* en sautoir, sur la poitrine, en signe de ralliement, avec cette devise : *Logique et bon sens*. Issus d'une même souche, un même langage leur est commun à tous, une même pensée les occupe, un même air de satisfaction rayonne sur leur visage ; un seul sentiment triste, mais doux pourtant, se mêle à l'heureuse placidité de ces âmes neuves : c'est en reportant leur pensée en arrière, le souvenir de plus jeunes frères qu'ils laissent au foyer, inhabiles encore à porter les armes ; ils n'obéissent qu'à un seul et même chef, leur aïeul à tous : *Tortillard* est son nom, *Cotillon,* sa compagne. Jeunes encore, ils ont déjà enfanté les nombreux combattants de la phalange sacrée ; nous avons dit leurs noms, le grade, le rôle et l'emploi de chacun dans l'armée; nous avons célébré la sagesse des anciens, l'ardeur bouillante des plus jeunes, la gloire dont les uns se sont déjà couvert, les lauriers que les autres brûlent de cueillir; nous avons chanté les hauts faits de ceux-là, les espérances de ceux-ci, la valeur de tous. Assurés de la bonté de leur cause, fiers de leur mission, une même foi les guide, une même confiance les anime, une même ardeur les entraine; ils vont!... Seuls, ils vaincraient sans doute; mais la terre a tressailli, c'est le présage d'un enfantement spontané de nouveaux bataillons portant le même signe de ralliement; et qu'à tous Dieu soit en aide!....

Il est une contrée lointaine, ignorée d'un grand nombre d'entre les humains; formée de monts gris et tristes comme des nuages d'automne (2) échelonnés en étage les uns au-dessus des autres, entrecoupée de vallées étroites, elle s'étend de gradins en gradins jusqu'au pays de ces hommes de fer qui osèrent se tenir debout devant Cœur-de-Lion, et firent boire son sang à l'ornière du chemin (3). Ce sont ces monts qui nous empêchent de jouir de la lumière de l'astre du jour avant quatre heures du matin en été et sept heures en hiver. Loin de ces monts, plus près de nous, du côté d'où nous viennent, au printemps, les pluies et les vents glacés si nuisibles à la fleur du pêcher, coule un fleuve large, immense, mais peu profond, toujours limpide sur son lit de gravier (4), semé de distance en distance de rochers abrupts, véritables écueils; jamais le batelier qui dirige sa barque avec la voile tissue de l'écorce du chanvre ne s'y aventura; mais à certaines époques de l'année, le poisson voyageur (5), qui aime à échanger contre l'eau douce des fleuves l'eau trop salée de la mer, remonte les rapides, se précipite comme une flèche d'une flaque à l'autre, en franchissant les endiguements élevés par les industriels pour alimenter les usines où se broie le grain destiné à la nourriture des humains. A cheval sur le fleuve, un pied sur chaque rive et le regardant depuis des siècles couler vers le pays des *Pictonnes*, s'élève une petite cité ridée et dévote ; c'est là que vit le jour le premier précurseur de la vraie croyance. La pieuse cité a conservé son nom, avec les rejetons de sa race, mais non sa mémoire. Là, pour les champions de la foi nouvelle, point de luttes sérieuses à soutenir.

Plus loin, bien plus loin, en descendant le courant des eaux, on découvre une autre cité antique : assise sur son lit de granit, dans ses maisons de bois que l'on dirait bâties par une société de castors, les pieds dans le fleuve, un autre fleuve sur sa tête, elle vit là comme la lavandière sous l'arche, étrangère au tumulte d'en haut et à l'enfantement du progrès (7), s'engraissant mollement comme elle se plait elle-même à le dire, dans ses moments d'humour, de la *sottise d'autrui* (8). Là, de même, point de combats à livrer pour les soldats de Pierre l'Ermite ; son indifférence même l'a mise à l'abri de la contagion des mauvaises passions.

Bien loin, bien loin de là, à l'opposite, plus près de nous, plus près des monts, de l'autre côté de ces monts, d'où l'on sentirait l'haleine brûlante du simoun, et d'où l'on entendrait le rugissement du lion du désert, si deux journées de marche d'une hirondelle n'en séparaient ; aux pieds de ces monts, vécut le second précurseur de la foi nouvelle : lui aussi était médecin. Esculape le fut bien ! Il repose aujourd'hui ; puisse le regard bienveillant du Dieu des bons le venger de l'injustice et de l'oubli des hommes! Je ne t'ai point oublié, moi, confrère, ami, frère R.....(9)

Sur l'autre versant des monts, du côté opposé à celui où les humains jouissent du bienfait de la lumière, quand l'astre du jour lance de ces hauteurs son char rapide pour recommencer son voyage quotidien ; non loin de ces ruines célèbres, chantées par le Walter-Scott des *Lemovices* (10), fut une communauté célèbre (11): elle plaça le pays, pour le protéger, sous l'invocation d'une légion innombrable de saints qui se disputent encore à cette heure, deux à deux, trois à trois, tous les carrefours, toutes les sources, toutes les fontaines et chaque jour du calendrier, et laisseraient mourir affamés par la dévotion et la paresse les habitants de ces pieuses contrées, si une main prévoyante n'y avait répandu à profusion l'arbre précieux qui recèle, sous des enveloppes épineuses, le pain du pauvre et le dessert du riche (12). En deçà de ces monts, de ce côté-ci. à leurs pieds dont il termine la pente, commence un pays accidenté, plantureux, prédestiné entre tous ; c'est la terre de *Monte-Bellorae* (13). C'est elle qui reçoit les premiers rayons bienfaisants du soleil, lorsqu'il s'élance de ces monts pour aller porter la lumière et la joie aux humains ; c'est la Judée nouvelle ; c'est là que se trouve la Capharnaüm moderne (14). Terre prédestinée ! C'est ton sol que foule tous les jours la sandale sacrée du prophète de la *vraie foi !* Pays enchanteur ! Peuple heureux ! L'as-tu toujours été ? Je l'ignore ; mais le doute est permis lorsque l'on considère les longs couloirs étroits dont ton sol est fouillé, en réseaux embrouillés comme ceux de la taupe (15). Là, chaque coup de pioche dans le tuf desséché marque encore aujourd'hui, comme si c'était hier. L'effroi seul des fers, à qui les a connus, peut donner le courage d'enfouir sa liberté dans le séjour des morts, et la persévérance d'en préparer les lieux. Le seras-tu toujours ? Je le souhaite ; à mon heure venue je le saurai là-haut. En attendant, jouis des bienfaits qu'une main généreuse répandit sans compter, en s'ouvrant large et grande, sur ton sol préféré ! Partout, dans tes vallons, se déroulent au loin des prairies toujours vertes où paissent d'innombrables troupeaux, guidés par des pasteurs, candides indigènes, la houlette à la main. Partout de limpides fontaines, sans cesse jaillissantes, versent du haut du roc à la face moussue leur produit argentin fuyant au coin du bois, sous l'ombrage, en murmurant vers la plaine. Toute la création s'y donna rendez-vous ; sous le *noyer* fertile, sous le *chêne* robuste et le *saule* flexible, sous le *frêne* perfide dont le feuillage ailé sert d'appât au vampire, qui prépare en silence, sous ses ailes dorées, le poison incendiaire où vient se rallumer la lampe déjà froide des amours en délire ; sous le *hêtre,* chéri de l'écureuil

reuil agile ; au pied du *robinier* aux grappes odorantes ; sous le *peuplier* géant à la feuille mobile ; sous l'*aune* au pied humide ; sous l'arbre toujours vert qui sue, sous son écorce, la bougie parfumée dont le pauvre économe éclaire sa chaumière aux longs ennuis d'hiver ; et sous l'*ormeau* tenace dont la main industrieuse de l'artisan expert façonnera le joug pour unir le front de ses deux bœufs dociles, et le charriot solide criant sous le fardeau de la moisson dorée.

Heureux peuple, jouis......

Partout sur le coteau, dans les bois, dans la plaine, les douces fleurs des champs, mélangeant leurs couleurs, enchantent le pays! Partout dans la prairie, les *gramens* aux fleurs peu apparentes, mais fins, drus et serrés, de leurs brins, de leurs feuilles empelousent le sol! Ici croissent ensemble la *violette* timide et l'altière *reine des prés ;* là vivent en famille les *orchis* qui découpent leurs fleurs en forme d'homme, d'abeille, de singe et d'autres animaux ; le *narcisse* qui se mire dans l'onde ; la *jacinthe* aux fleurs bleues et le *colchique* rose, qui voile de sa douce couleur un perfide poison ; la *renoncule* jaune, semblable à l'or, et l'*aconit* noir, non moins cruel, balancent leurs fleurs dangereuses au-dessus de l'innocent *myosotis* que l'on n'oublie jamais. Ici, tout à côté, la *luzerne* rustique, les *trèfles* blancs ou roses distillent pour l'abeille un miel tout préparé ; plus loin sur la lisière, le précieux fraisier des bois étale sur l'herbe tendre ses fruits pour vous tenter par trois sens à la fois : le nez, les yeux et le palais, et vous invite à un festin des dieux, sous des berceaux formés par des plantes grimpantes, le *lierre* toujours vert, les *viornes* flexibles, le *houblon* odorant et la *bryone* amère, émaillés à leurs pieds des fleurs éblouissantes des *iris* violacés, des *campanules* bleues et des *glaïeuls* jaunes, parsemés tout autour de simples *marguerites ;* plus haut la fière *digitale* balance avec orgueil ses grappes empourprées au

6

milieu d'humbles touffes du *thym de la bergère,* dont elle semble respirer le parfum chaud et cordial de ses naseaux ouverts; plus loin des bosquets de *genêts* à fleurs couleur de soufre que vous prendriez peut-être pour des papillons jaunes, entourés et défendus par l'*ajonc,* leur parent épineux, leur allié rustique qui, comme eux, fleurit jaune-soufre en plein cœur de l'hiver et même sous les neiges; là-bas le *liseron* changeant, la *nielle,* le *bluet,* le *coquelicot* rouge, de leurs fleurs éclatantes brillantent les moissons jaunissantes dans la plaine, à côté de la blanche fleur des *pois.*

Heureux peuple jouis....

Partout le *chèvre-feuille* antique et l'*églantier* rustique, mélangeant leur parfum au parfum d'*aubépine,* embaument le chemin qui fuit en serpentant à travers les massifs des *sureaux* odorants, de l'*érable* noueux, du *noisetier* fertile, du *troéne* élégant, du *nerprun* nauséeux et du *fusain* fragile, unis et défendus par la *ronce* cupide, le *prunellier* acerbe et le *houx* toujours vert à la feuille aggressive. L'arbre de *Cérasoute,* aux fruits brillants et pourpres aimés des oiseaux, leur prête son ombrage (16); plus loin c'est de *Damas,* l'arbre aux fruits diaprés, préféré d'Islam (17), quoique aimé d'infidèles, vivant en douce paix côte à côte des vieux *Saint-Germain, Saint-Michel* et *bons-chrétiens* d'hiver (18); plus loin se répandent en nombreuses tribus ceux dont le jus fournit la liqueur enivrante où jadis égayaient leur verve pétillante nos bons vieux aïeux les Gaulois, et que Sainte-Radégonde elle-même daignait goûter de ses lèvres sacrées (19); et si de nos ancêtres les premiers, les plus vieux revenaient au pays, ils y trouveraient aussi le plus royal de tous, celui qui, sur sa fleur, sur ses fruits, rappelle le coloris brillant et velouté de la joue, de la lèvre de la jeune fille nubile, l'arbre princier d'*Iran* (20), coudoyant au soleil, le long de tes murailles pour recevoir l'amour des premiers papil

lons, celui de l'*Arménie* (24) dont les fruits parfumés brillent de
la couleur des pommes d'Hespérie.

Heureux peuple jouis.....

A vous, savant illustre et philosophe austère,
Chimiste, médecin, réformateur sévère;
    A vous enfin, Raspail,
Je dédie en passant mon *grenadier* d'Afrique,
Un *Laurus camphora,* notre *aurone* rustique
    Et nos grands carrés d'*ail,*
Dont l'arôme embaumé chasserait à la ronde
Tous les petits et grands parasites du monde.
    A vous, à vos remèdes rebutés
        Par ignorance,
        Par suffisance
        Des Facultés,
    A vous je dois, savant Honni,
        Les jours de ma fille,
        Joie et famille.
        Soyez béni!.....

    Pour vous, jeunes fraisières,
    Sages, sinon rosières,
Que j'aimais tant à voir, en dix-huit cent trente-huit,
Accourir à la danse en chantant d'allégresse
Imitant la musique au charmant bal de nuit
    De la fête de Sceaux,
    Comme autrefois en Grèce
Les filles de l'Attique aux prix des jeux floraux,
Nous avons des *fraisiers anglais* ou *remontants,*
Roses, rouges, vermeils, orangés, pourpres, blancs.

Et vous, à la raison jeunes gens indociles,
Qui ne redoutez pas, au prix d'un repentir,
    D'acheter des plaisirs faciles;
    Vous que l'ardeur des sens domine,
    Ne pouvant vous offrir

De roses sans épine,
Du groseillier qui pique
Nous vous gardons des plants
Et la fleur aquatique
De nos *nymphæas blancs.*

A vous, grands conquérants.
Que toujours les poètes
          Firent plus grands
          Que vous n'êtes
          Vus de près,
Dont la mode passe
Et dont on se lasse,
Nous avons dans un coin, sous un *Cyprès,*
          Le *laurier* d'*Apollon,*
Non pas pour vous, mais bien pour le jambon.

Mais nous avons encore, dans un jardin couvert,
          Mesdames, pour vous plaire,
          L'*arbre* qui, toujours vert,
Distillant en sa fleur, aussi blanche que lys,
          Dans un nombreux nectaire
          Les parfums nérolis,
          Tressa votre couronne
          Aux yeux des cœurs jaloux,
          Séjour où la madone
          Vous fit don d'un époux
          Et qui vous offre enfin
          Bien mieux qu'un *marasquin,*
Pour humecter, après une valse entrainante,
Par la chaleur du bal vos lèvres altérées :
Le suc frais contenu sous l'écorce odorante
          De ses pommes dorées.

Pour toi, dont le renom a grossi d'âge en âges,
A ce point qu'aujourd'hui tu tiens le rang des sages,
Qui, parti de si bas es devenu si grand !
          Pour toi, Robert Macaire,
          Pour ton ami Bertrand,
Nous avons dans nos champs des *carottes* sauvages,

Légume pour lequel, à force de toupet,
Tu pourrais, je l'espère, obtenir un brevet.
Et te dire bien haut fournisseur pour potages
    Du cuisinier Chevet.

    Heureux peuple, jouis, etc.....

Car sous ton ciel tempéré, la plus *gaie* des plantes échappées au déluge, nourrie sous de brûlants climats, vient, attirée par la douceur des lieux, donner la main au précieux *arbre à pain* (22) qui la prend et l'enroule autour de ses bras vigoureux pour communier ensemble sous les deux apparences ; au-dessous, dès fin mars, et le pied dans la neige, le *colza* rustique, sur des nappes dorées, au fond de ses corolles, sert à l'abeille qui s'éveille de son sommeil d'hiver son premier déjeuner, à l'abeille qui plus tard, ouvrière infatigable, butinera encore et sans cesse dans des champs odorants où fut semé et fructifie le *grain taillé en pointe de diamants,* et brun comme le brun conquérant dont il porte le nom, nom si fatal au paladin Roland (23). Plus loin dans les terres plus riches, les fertiles *phaséoles* (24) s'enroulant sur la tige de la *plante élégante* qui fournit le *pilaw,* dont se délecte le sensuel habitant de l'indolent Bosphore (25), laissent pendre comme autant de riches ornements leurs gousses allongées, qui renferment en nombreuse famille leurs grains serrés et réguliers comme les touches d'un piano... Partout c'est l'abondance et partout la moisson! Dans l'air, le pain, le vin ; sur la terre, le vin, et le pain avec la plante favorite de Cérès ; sous la terre, dans d'innombrables silos, la riche Parmentière amoncelle le pain morcelé en gros et nombreux fragments (26), au milieu de la pierre fusible (27) qui fournira le fer de la charrue utile et de l'engin meurtrier ; nulle part on ne vit en troupes plus nombreuses la *gent soyeuse,* mieux nourrie, plus choyée, plus dodue et toute reluisante d'oing blanc et savoureux, envié de l'univers! Partout c'est l'abondance et partout la moisson.

Heureux peuple jouis, etc.....

Tes nombreuses fontaines rafraichissent le sol, le sol rafrai-
chi enfante l'herbe tendre, l'herbe tendre en mourant fertilise
le sol, le sol fertilisé pousse au grand végétal dont la feuille
en tombant le fertilise encore pour le faire se fondre en verdure, en fleurs et en fruits savoureux dont l'éclat, le parfum,
la douceur attireront sur eux l'amour des *papillons;* aussi
quelles nombreuses et charmantes pléïades de ses hôtes ailés
aux sept couleurs de l'arc-en-ciel, sept fois sept mélangés, viennent s'y enivrer aux premiers beaux jours du printemps! Mais le
papillon, qu'est-ce? Un être? Non : un enchantement, la vision
dorée d'une âme qui, ayant parcouru la série des mondes de
douleur arrive enfin à l'autre vie promise, en passant par le
corps d'une vieille chenille qui s'endort et succombe, en rêvant
papillons! La *chenille* seule est la réalité qui vit, rampe, mange,
excrète et se conduit en être vivant, et *bombices* et *phalènes,*
et *cossus* et *tanthrèdes,* et *pyrales* (28) à la rescousse, vous font
en une nuit, du mieux feuillé, du plus fleuri de vos arbres et
des plus beaux de vos fruits, de la poussière grise.

Mais il n'y a pas seulement à craindre que les chenilles qui
rêvent papillons à leur heure dernière; il en est bien d'autres
non moins cruelles qui font des songes plus sinistres, rêvant de
jolis, de charmants, de hideux, de brillants petits monstres,
cachées, ignorées ou vivantes sous la terre (29); plus elles sont
obscures, moins elles se font voir, et plus les produits de leurs
songes sont brillants, bizarres et fantastiques, et recèlent sous
leurs masques enrichis des appétits féroces, conformés, défor-
més de toutes les manières, nuancés, diaprés, zébrés, tachetés,
mouchetés, chinés, historiés de cent mille couleurs, rouges,
blancs, bleus, jaunes, verts, gris ou noirs et tatoués comme les
noires majestés bigarrées de Bénin, et non moins cruels qu'elles;
caparaçonnés, harnachés, cuirassés : celui-ci porte au front la

riche armure de l'amant indiscret de la chaste Diane, celui-là sur son dos le bouclier de Minerve, cet autre la croix fleurde-lisée, un autre enfin une tête de mort; et tous armés en guerre, qui d'*incisives*, qui de *molaires*, celui-ci d'une *scie*, celui-là d'une *râpe*, cet autre d'un *taraire*, son voisin de *tenailles;* les uns portent la *lance*, les autres une *fourche* et d'autres des *ciseaux*, etc., etc., etc....; et les voici mordant, broyant, sciant, râpant, perforant, tordant, lardant, excisant les feuilles, les fleurs, les fruits, l'écorce et la chair de vos arbres.

Laissez-moi vous conter une histoire, ça ne sera pas long; d'autres la connurent avant moi, qui, si je mens, pourront me démentir; moi je l'ignorais encore. Il y a de cela quelques ans, par un brûlant soleil de juin, je contemplais, heureux et fier, mar-cher l'énergique végétation de mes *colonnes* et de mes *écrans* dont les jeunes pousses s'allongeaient avec un mouvement de pro-gression visible à l'œil nu comme celui de la grande aiguille de ma montre. Avant la fin du jour, ô stupeur, toutes ces jeu-nes extrémités pendaient flétries et noirâtres le long des branches qui les avaient produites! «Monsieur, c'est la *brime* » (lisez brume ou brouillard), me dit mon homme de journée. (La brume ou brouillard malfaisant joue dans la pathologie de nos campagnards le même rôle que le sang, la bile ou les humeurs dans la pathologie humaine de nos docteurs des facultés). Moi qui pense que l'homme a moins à redouter de sa bile s'il n'en fait pas trop, de ses humeurs à moins qu'elles ne soient noires, et de son sang, à moins qu'il n'en fasse de mauvais, que des mille et un êtres vivants, grands et petits, que sa chair affriande ou que sa bourse attire, et qui ne puis jamais rencontrer quel-qu'un étendu mort sur la route, un couteau dans la gorge, sans soupçonner qu'un assassin a pu passer par là, je dis à mon homme de journée : « Vous êtes un imbécile! » et je me mis à chercher quel pouvait être l'assassin des jeunes pousses de mes poiriers.

Tout à coup j'aperçois derrière l'une d'elles, encore debout mais qui commençait à vaciller et à s'incliner, un petit monstre; il n'était pas gros comme un pépin de poire de bon-chrétien dont il avait assez la forme, avec cette différence qu'il était d'un vert brillant et moiré, tirant sur le vert émeraude ; le scélérat, cramponné comme un élagueur à un arbre, devinez ce qu'il faisait là? Du même sérieux qu'un charpentier qui équarrit sa pièce, il coupait la jeune pousse d'une *palmette ondulée* avec une paire de ciseaux du diable qu'il avait au bout du nez. « Ah, brigand, je te tiens! » m'écriai-je, et le saisissant entre le pouce et l'index de la main droite, je le broyai sur l'ongle du pouce gauche, avec la méthode et l'adresse du gitano expert qui se débarrasse d'un camarade de 'lit, mais avec un peu plus d'émotion, à cause du manque d'habitude. Hé bien! monsieur, à tout prendre, c'est moi qui avais tort, il était excusable : c'était une pauvre petite mère qui travaillait pour sa postérité, je l'ignorais. Lorsque ma colère se trouva enfin appaisée par ce que je croyais être une vengeance légitime, je cherchai à me rendre compte du mobile qui avait pu porter le petit monstre à cette mutilation, sans motif apparent, de la propriété d'autrui. « Voyons, lui dis-je, toi qui n'est plus, pourquoi *pinçais-tu* ainsi cette jeune pousse d'une branche charpentière, moi qui *n'y touche jamais*? Passe encore pour un bourgeon à fruit! Ce n'était point pour en manger, je l'ai bien vu, puisque tu n'en as pas avalé la moindre bribe, de plus d'un demi cent que tu as coupé dans ta journée! Ce n'était point pour te chauffer, au mois de juin! Ce n'était point pour en faire provision pour l'hiver; quand je n'aurais pas abrégé tes jours dans ma colère, tu n'es pas de la race des vieux qui vivent tout un an, un siècle pour vous autres! Tu ne faisais point le mal pour le simple plaisir de le faire, de l'*art pour l'art*, comme on dit *làbas;* l'homme, seul de la création, a le privilége de pouvoir s'élever à ces hautes notions de l'idéal, et d'aimer à s'abandonner à la fantaisie de ces nobles inspirations. Non, tu avais un but, un intérêt privé : sans doute pour faire une demeure à tes petits! » Et je me mis à examiner la branche, depuis la section qu'il avait faite jusqu'assez bas en descendant vers le tronc, rien. Je passai soigneusement en revue toutes les autres branches qui avaient subi la même mutilation, rien encore ; je m'y perdais. Enfin, il me vint à l'idée d'examiner, mais sans y attacher le moindre espoir de découverte, et presque machinalement, le fragment extrême de la branche où j'avais saisi le petit monstre, et qui pendait déjà flétri et grisâtre, mais encore adhérent par une pellicule à la branche dont il avait fait partie. O surprise ! A quelques millimètres de la section, un petit point tout noir, puis un autre, trois en tout. De les ouvrir avec ma lancette, fut l'affaire d'une seconde. Dans chacun, un petit œuf d'un blanc légèrement opalescent et transparent en même temps, gros à peine comme la tête d'une petite épingle à rubans !

Ainsi ce petit monstre (il y en a de noirs, de gris et de bleus) commence par faire, non loin de l'extrémité d'une jeune pousse, la plus tendre qu'il peut trouver, un petit trou qu'il évide en profondeur, à un demi millimètre environ, imperceptible s'il ne devenait vite livide par empoisonnement ; puis il finit de couper par dessous, avec ses ciseaux, le bout du rameau auquel il a déjà fait une première entaille avant de commencer à pondre son premier œuf ; mais il ne coupe point entièrement, à moins d'un coup mal assuré par trop de précipitation ; la pousse penche, se flétrit, sèche et finit par tomber, emportant et protégeant jusqu'à terre, où elle s'enfouit et se développe, la postérité que le petit monstre lui a confiée à cette fin. O humains orgueilleux, doutez encore de la raison et de l'esprit des bêtes (A) ! Plus bête que moi sera celui qui vous croira sur parole. On l'appelle *Lisette*, probablement à cause des ciseaux ; mais pourtant l'*autre* ne les portait pas au bout du nez que je sache ; j'ai vécu de son temps ! Et d'ailleurs Béranger l'aurait dit (29 *bis*).

Heureux peuple jouis.....

(A) On me crie : « C'est l'instinct ! » Eh, j'entend bien ! Votre jeune épouse qui, deux mois à l'avance, prépare discrètement, avec la douce émotion du bonheur intime, les langes et les béguins qui doivent envelopper chaudement votre premier-né futur : c'est la *prévoyance raisonnée* mise au service de la sollicitude maternelle ; et le petit monstre, faisant exactement des choses absolument analogues

La fraîcheur du pays fait naître l'herbe tendre, l'herbe tendre en mourant fertilise le sol, le sol fertilisé pousse à la grande plante, la plante attire l'insecte qui s'en nourrit et en fait disparaître les restes, l'insecte attire l'oiseau qui en fait sa pitance ; aussi quelles innombrables légions de ces charmants habitants des airs parcourent tes vallons, tes montagnes ; sur tes arbres,

---

avec non moins, sinon plus de sollicitude et de persévérance, c'est l'instinct ! Mais une détermination raisonnée, qu'est-ce ? Une conclusion à laquelle on arrive par une série d'inductions et de déductions dont la distance entr'elles, sans faire perdre de vue leur rapport logique, le lien abstrait infrangible qui les unit, est assez considérable pour laisser apercevoir à l'esprit leur non identité, leur division, et dont le rapprochement se fait avec assez de lenteur pour que leur mouvement de progression les unes vers les autres et d'engrenage soit saisi par les yeux de l'esprit, et que la formule puisse en être exprimée par le langage..... Et l'instinct, qu'est-ce ? sinon la même opération de l'esprit, une conclusion, une détermination prise en suite d'une série d'inductions et de déductions dont la distance logique qui les sépare est tellement infiniment petite, le lien abstrait infrangible qui les unit tellement infiniment serré, au point de rendre insaisissable la distinction des prémisses d'avec les conséquences, et dont le mouvement de progression et d'engrenage s'opère avec un degré de vélocité telle, qu'il est comme instantané, échappe à l'œil de l'esprit, et sa formule à la puissance d'expression de tout langage.

En considérant l'éclair se produire, on s'aperçoit que le bruit du tonnerre qui en est le résultat n'arrive que quelques temps après ; on en conclue avec raison que le son se meut, chemine et met un certain temps pour arriver d'un point à un autre ; et si l'on était tenté, parce que les sens ne peuvent pas saisir le mouvement de la lumière, de croire faussement qu'elle est instantanée, qu'elle se fait au moment et ne se fait qu'au moment précis où elle est perçue, sans la logique et les expériences minutieuses et délicates par lesquelles on est arrivé à démontrer qu'elle se meut, et se meut avec une vélocité excessive, on en viendrait donc à cette conclusion absurde de *nier d'autant plus le mouvement de la lumière*, par cette considération étrange *qu'elle se meut* d'autant *plus vite que sa vélocité est d'autant plus grande* ? Le tonnerre c'est la raison, l'éclair c'est l'instinct !...

Pour la divinité une et absolue, *pouvoir* et *droit* ne sont qu'une seule et même chose, un seul et même attribut de la volition première, condensée en une formule unique, *vouloir ;* pour les créatures, êtres complexes, êtres de rapports, ils sont distincts.

Voyons, petit monstre, sur la personne duquel je viens de pratiquer une si éclatante consécration du droit héroïque, (étant vrai ce principe : *que celui-là seul a le droit d'ôter qui a le pouvoir de donner*, et il est vrai, je le sais, je le sens, par la raison, par l'instinct, par le *tonnerre* et par *l'éclair* ; étant conséquemment vraie sa réciproque : *que celui-là doit avoir le pouvoir de donner qui a le droit d'ôter*, puisqu'il n'a le second qu'à la condition d'avoir le premier) ; si, *en droit*, j'ai eu réellement ce qui n'est pas, le *droit* qu'en *fait* je me suis arrogé de t'ôter la vie, je devrais donc avoir *en droit* le *pouvoir* de te la rendre, ce qui n'est pas *en fait*, et devrait être si j'avais eu le *droit* de te l'ôter ;

dans tes champs, dans tes bois, dans tes marais touffus, vivent.
aiment, travaillent et font de la musique !

Les uns sont indigènes, les autres passagers ; parmi les indigènes on reconnaît deux classes , les oiseaux aquatiques et les
oiseaux de l'air : les *oies* et les *canards* nagent dans tes étangs,
s'engraissant pour ta table à l'ébahissement de leurs parents

---

donc je ne l'avais pas. Mais si nous admettons pour un moment que j'avais bien
réellement le *droit* de te l'ôter, nous pouvons aussi admettre pour un moment
que j'ai le *pouvoir* de te la rendre : supposons donc que je te l'ai rendue, et ré-
ponds-moi.

— Quand je me suis approché, pourquoi as-tu laissé ton ouvrage et as-tu tourné
précipitamment à la face postérieure du rameau, celle qui m'était opposée ? — J'ai
eu peur. — Tu as eu peur, la peur est un sentiment instinctif, c'est bien ; mais
pourquoi, ayant peur, te mettais-tu derrière cette branche ? — C'était pour échapper à ta vue, sachant que tu ne pouvais me voir à travers et que, pour me découvrir, il faudrait que tu songeasses à porter tes regards autour, puisqu'elle me
débordait de chaque côté. — Ceci me prouve que tu as connaissance de certaines propriétés différentielles des corps, de l'*opacité*, par exemple, et que de
plus tu as certaines notions d'optique, tout au moins de la progression de la
lumière en ligne droite ; mais pourquoi te tenais-tu immobile, au lieu d'aller et de
venir, puisque tu te croyais caché ? — Étant à peu près de la même couleur de
la branche, collé et immobile contre elle, j'avais des chances de n'être pas remarqué. — Non-seulement tu as des notions de certaines propriétés des corps, de
la manière de progresser de la lumière, mais tu n'ignores pas non plus certaines
propriétés de rapport, certaines conditions-favorables à la visibilité des corps ; il
est évident en effet, par ta conduite et ta réponse, que tu sais que la condition de
deux corps, juxta-posés ou peu éloignés, dont l'un se *meut* pendant que l'autre
est *en repos*, favorise leur perceptibilité par la saillie qui résulte de leur différence d'état. Tu avais peur de moi, dis-tu ? Pourquoi ? — Pas plus gros que je
suis, qui n'aurait peur en voyant s'avancer une masse comme la tienne, parfaitement armée pour l'attaque, munie de longs appendices flexibles se mouvant en
tous sens et terminés par des griffes formidables. — Ah ! ah ! c'est très bien,
en outre des propriétés des corps, du mouvement de la lumière, de certaines conditions de visibilité, tu possèdes encore la connaissance de la loi primordiale qui
régit la matière, c'est-à-dire la puissance *newtonienne de la masse*, et tu donnes
à entendre que tu n'es pas sans quelques notions de *balistique*, de l'action des
leviers ; mais si c'est mon volume ou ma masse qui t'a effrayé, pourquoi n'avais-tu
pas peur de ma maison qui est à côté et au moins 50,000 fois aussi grosse ? —
Ta maison est un corps inerte qui ne se meut ni ne bouge, qui ne sent ni ne
perçoit, ni ne réagit *volontairement* et qui n'a ni l'intention, ni le pouvoir *cons-
cient* de me nuire — Diable ! nous sortons cette fois des notions élémentaires des
propriétés primordiales de la matière, des attributs des corps, en tant que corps
simplement physiques, et nous nous élevons aux notions de leurs attributs, de leurs
propriétés de rapport, en tant qu'*animés* ; mais pourquoi, me voyant la puissance
nécessaire et me croyant pourvu du libre arbitre voulu pour l'exécuter, as-tu
supposé que je pourrais avoir l'intention de te nuire ? — Parce que tout en ne
me rendant pas bien compte comment la chose que je faisais et qui m'était utile

sauvages qui ne peuvent comprendre un pareil dévouement ; la *bécassine* grise, en trois variétés, y piétine dans l'herbe, aspirant la vermine de son bec effilé ; le *ripoton* sans plumes, éternel plongeur, ne monte à la surface qu'afin de s'assurer s'il fait encore jour ; la craintive *joselle* et la *macreuse* noire courent sur le liquide sans le faire rider ; le vert *martin-pêcheur*, rapide

---

et commandée par mon devoir pouvait être mauvaise en soi, ni même pouvait l'être désagréable, j'ai craint que dans le cas où elle te déplairait tu n'agisses envers moi comme je le fais envers ceux qui sont plus petits et plus faibles que moi, lorsqu'ils font quelque chose qui ne me plaît pas. — Diable, diable, voilà qui s'élève ! Non pas précisément la morale, mais nous sortons complétement du terre-à-terre des faits matériels proprement dits, nous nous élevons aux notions dans l'abstrait, à la connaissance des conditions métaphysiques de nos déterminations, à la connaissance et à la distinction psychologiques du moi et du toi, en opérant par l'un des plus féconds procédés de la raison, l'*analogie !* Nous voguons en pleine métaphysique !!! Tu m'intéresses ; après ? — Après, il n'y a plus rien, puisque de par ton droit héroïque, comme tu l'appelles, tu m'as envoyé au trépas. — C'est juste, et tu ne veux point que je l'oublie, mais avant cette brutalité que tu me rappelles si à propos, avant le moment où j'appris, te prenant sur le fait, que j'étais redevable à toi du pinçage de mes branches charpentières, nous nous étions déjà vus d'autres fois : une entr'autres, un matin que tu te promenais lentement sur le limbe d'une feuille de poirier *Colmar-Logérias* (*), te carrant crânement en faisant miroiter aux rayons du soleil levant la moire chatoyante de ta robe d'émeraude ; tu ne pouvais avoir rien à redouter équitablement de ma colère. — *Equitablement*, non, puisque je ne faisais encore que repasser mes outils pour me mettre au travail. — Alors pourquoi, quand j'ai voulu te prendre pour mieux t'examiner, t'es-tu laissé tomber, chutant de feuille en feuille, jusqu'à terre avec le petit bruit sec et saccadé d'un grain de sable inerte, et contrefaisant le mort (**), à ce point que je t'avais abandonné, te prenant bien pour tel, lorsqu'en me retournant je t'ai vu envoler ? — Parce que j'avais peur ; tes intentions respiraient l'innocence, tu le dis, mais qui m'en assurait ? Car s'il faut te l'avouer, ta personne n'a rien qui me séduise, surtout tes appendices — Mais enfin pourquoi te laisser choir au lieu de t'envoler ? — Je m'en vais te le dire : vraie ou fausse, c'est une croyance chez nous comme chez vous, que l'ours ne touche pas à la chair morte, et même l'un des vôtres a écrit là-dessus un assez joli petit conte ; tu devrais le connaître. — Je l'ai lu au jeune âge, j'ai un peu oublié, mais je le relirai, tu me piques, continue. — J'étais, comme tu sais, en train de faire ma toilette, je ne t'avais pas vu venir ; quand j'aperçus tes appendices, il n'était plus temps de fuir, je me laissai tomber

(*) Le poirier Colmar-Logérias n'est point connu sous ce nom dans l'arboriculture ; je l'ai reçu sous le nom de *Beurré-Durieux* ; mais comme son fruit n'a aucun rapport avec celui des beurrés, bien qu'il les surpasse tous, ou tout au moins les égale en qualité et qu'il se rapproche infiniment de colmar dont il n'est en réalité qu'une variété automnale, et qu'en outre c'est un arbre que j'avais vu de tout temps dans le jardin de mon père, où il était connu sous le nom vulgaire de *Trompe-Valet*, j'ai cru pouvoir me permettre de lui donner celui sous lequel je l'ai désigné ci-dessus.

(**) Ce petit insecte se laisse tomber et fait le mort s'il voit n'avoir pas le temps de s'envoler quand on veut le saisir.

comme la flèche, va d'une rive à l'autre, droit et sans dévier, comme s'il était tiré par un fil, silencieux et muet; à quoi bon la parole pour vivre au milieu des poissons.

Dans la seconde classe, les uns sont domestiques : nous avons dans nos cours de superbes *dindons*, des *poulets* de la *Chine* et de la *Cochinchine*, des *pintades* criardes, de magnifiques *coqs* noirs, des *gélines* pondeuses; il nous manque une espèce, c'est la poule aux œufs d'or.

Les autres vivent indépendants; parmi ceux-ci, les uns ont les mœurs douces, les autres sont féroces; dans ces derniers l'on compte la *chouette,* le *hibou,* les *grand, moyen* et *petit ducs;* la *buse* qui plane ou tournoie sous la nue guettant lièvre ou lapin, le *faucon* à l'œil jaune, l'*émouchet* plus petit mais qui n'en vaut pas mieux, toute une famille de bandits.

Parmi les innocents, quelle nombreuse race ! Du *pigeon* familier à la *perdrix* craintive qui sillonne les champs en ramassant le grain oublié du glaneur. Chacun a son état: du *pierrot* turbulant, tantsoit peu parasite, qui niche sous nos toits, jusqu'au *verdier* tranquille qui, du haut de l'ormeau, sur le bord du chemin, laisse tomber son refrain lamentable. Parmi les gros on range : la *grive* gazouilleuse qui habite le pays presque toute l'année et ne le quitte que de mai en fin août, le temps de faire seulement un voyage à Paphos, chez madame Cypris, et une neuvaine chez la mère Lucine, à Délos; le *sansonnet* et le *merle* siffleurs; la *pie,* amie de l'homme, et le *geai,* son parent; disons surtout la *traie* ou grosse grive sédentaire, siffleuse celle-ci, et surtout quelle mère! De février en avril, elle a fait déjà trois ou quatre couvées, sans cesse découvertes par l'absence des feuilles et toujours dénichées; tous lui font la guerre parce qu'elle est bonasse : le faucon, le liron et l'enfant dénicheur; elle prie, elle pleure,

---

et en faisant le mort, je *pensais* que... » — Je ferais comme l'ours! ah! tu penses donc! et assez juste même; ah! je l'aurais parié : Dieu a donc mis en toi une petite parcelle de lui-même !...

Donc je n'avais sur toi d'autre droit que le droit héroïque; mais ce droit-là, vois-tu, petit monstre, de longtemps les hommes n'en connaitront pas d'autre contre toi et malheureusement contre eux-mêmes.

les défend contre tous ; toujours elle est vaincue, jamais ne se décourage, couve jusqu'en septembre, mourant pour ses petits ; peut-être sur un cent qu'elle en sauvera un, et que Dieu soit béni !

Quelques-uns sont parleurs, le geai qui dit : *Papa, maman, bonbon, manger*, tout comme votre enfant (A) ; la pie, son amie, sa parente ; le sansonnet aussi. La pie ! la vraie amie de l'homme, la gardienne officieuse et désintéressée de ses biens les plus chers ! Et dire qu'il s'est trouvé douze édiles, d'un pays dont je tairai le nom, qui grevèrent leur budget pour atteindre la pie jusque dans sa postérité ! *Cinq sous* pour une mère, *quatre sous* pour le père, *six sous* pour la couvée ! Forcenés ! Et pourquoi, parce que, j'ai honte de le dire, parce qu'elle leur empruntait quelques grains de maïs étant en journée chez eux !... Il ne faut donc pas qu'elle mange ? Autant vaut tuer Rodillard, car il touche au fromage. Sept sur douze, la sachant innocente, la disaient excusable, tous la condamnèrent..., sa couleur déplaisait !... Quand on veut tuer son chien, on commence par dire qu'il est enragé. O déesse équitable qui portes un bandeau sur les yeux, tu le déranges donc quelquefois pour voir l'accusé, à moins d'être spirite !......

Sa tête fut proscrite ! On caresse un serin, et l'on proscrit la pie ! La pie n'est pas connue ! Ce seraient des autels et non pas

---

(A) L'auteur n'oubliera jamais la surprise qu'il éprouva, un jour qu'il déjeûnait chez un voisin de campagne, en entendant derrière lui psalmodier ces paroles, sur le ton lamentable que prennent les mendiants pour attirer la compassion : « Fazé l'auvmône à queüë paoûvbré par lo bel omour d'aûv boûn Dï, naë si vou plaë ! » (Faites l'aumône à ce pauvre pour le bel amour du bon Dieu, allez, s'il plaît.) Il en était à se demander d'où pouvait venir cette voix un peu étrange, lorsque la dame de la maison se hâta de dire en riant : que c'était l'*oiseau* qui probablement avait aperçu un pauvre dans la rue ; et en effet, s'étant retourné, il vit un de ces oiseaux parleurs, qu'il n'avait pas remarqué en entrant, sautiller sur son perchoir dans l'embrasure de la fenêtre, sur l'appui de laquelle un mendiant était accoudé au dehors, égrenant son chapelet en attendant l'aumône ; et l'oiseau ne cessa de répéter sa psalmodie jusqu'à ce qu'il l'eût vu s'éloigner après avoir reçu un morceau de pain. Et alors il se mit à dire de sa voix caverneuse : « Lu boûn Dï vou aûv rendé din lu sain paradï. » (Le bon Dieu vous le rende dans le saint paradis), qui est en effet la formule habituelle de remerciement des pauvres dans ce pays-ci.

le gibet qu'on lui élèverait. Et dire que tu l'as oubliée, ô chan-
tre de l'oiseau! Si tu l'avais connue! Je sais d'elle une histoire;
peut-être un jour je vous la conterai. Tu lui as préféré le *pic
charpentier!* Ce n'est pas que je veuille amoindrir les talents,
le mérite de cet honnête ouvrier; il est intelligent, économe,
rangé, sobre (il ne boit que de l'eau), laborieux, mais enfin
c'est pour lui qu'il travaille; mais la pie! Levez les yeux là-
haut, là-haut, tout au haut de la cime, sur le chêne, sur l'orme,
sur l'aune au pied humide, sur le peuplier-géant! — C'est un
fagot d'épines, — c'est son nid — « impossible. » — C'est son
nid fait de fagots d'épines, ramassés brin à brin dès le mois de
février; d'abord une première couche en gros brins, ensuite
une poignée d'autres un peu plus fins, quelques menues racines
par dessus : voilà le pilotis pour empêcher que le tout ne descende
dans le gouffre de l'air à 120 pieds de bas; puis commencent les
murailles en torchis de fourrage et de boue pétrie, foulée,
gâchée, dressées couche par couche, assise par assise, en forme
de calotte arrondie, ressemblant au chapeau d'un gandin à la
mode et revenant des eaux; puis un bon matelas de brins de
foin séché et de menues racines; les petits seront bien. Le
tout est recouvert au complet d'un épais buisson d'épines
meurtrières; par côté, presqu'en haut, du côté du soleil, un trou
rond pour que la mère passe, mais pour les étrangers, défendu!
« —Dieu! quel mal elle a dû se donner pour faire un si gros nid! »
De février en Saint-Jean elle en a construit vingt. — « Pourquoi
vingt, un seul suffisait? » — Sans doute, mais c'était pour les
pauvres; tout le monde n'est pas riche ou n'est pas bon ouvrier :
le pierrot, par exemple, rien n'est plus malhabile, à peine s'il
sait entasser dans un trou du foin mêlé d'un peu de plume; il
s'en servira, plusieurs même au besoin s'y trouveront logés
assez commodément (A); le sansonnet aussi, quoique bon

(A) Dans la chaleur de notre improvisation en faveur de notre *protégée*, nous
nous sommes laissé entraîner, à l'égard du pic, à une iniquité qui nous pèse, en
disant qu'il ne *travaille que pour lui* : ajoutons bien vite que ses constructions
servent au contraire à un grand nombre d'autres oiseaux, non-seulement à diverses
espèces de grimpeurs, mais encore au *pierrot*, à la *mésange*, etc., etc.

musicien, n'est pas fort; mais ces artistes, vous savez, c'est comme les poètes, ça n'est point prévoyant, ça chante sans songer qu'il faudra dîner, coucher ce soir et déjeûner demain; pour des gens comme çà, un prévoyant ami est une chose utile. J'ai vu même une chouette et jusqu'à un milan y faire leurs petits; la pie, point trop contente (mais elle est généreuse, elle ne disait rien) de voir ainsi le bien ramassé pour les pauvres passer entre les mains de forbans sans besoins. Elle est si magnanime! Regardez-la là-haut, là-haut, tout au haut de la branche, sur le chêne, sur l'orme, sur l'aune au pied humide, sur le peuplier géant : elle regarde, elle évente le piége, dévoile le mystère et dénonce le crime!

RONDE DE LA PIE

I

Qu'un homme à l'air content
Vers le soir se promène
Sous le chêne,
Allant et revenant
Comme une sentinelle,
Le cigare à la bouche et la canne à la main :
« Ah ! dit-elle,
C'est un bourgeois bien mis;
Je crois qu'il a dîné car il est un peu rouge;
Il prend l'air maintenant, il fait bien,
C'est permis! »
Elle ne bouge.

II

Qu'un autre avec son chien, le fusil sous le bras,
Traverse la campagne, allant à petits pas
En silence :
« Oh! ces messieurs sont en règle, je pense,

Dit-elle, la police est bien faite aujourd'hui ;
Mais je croyais pourtant que la chasse était close.
Que m'importe au surplus ! Les affaires d'autrui
Ne me regardent point ; les gendarmes sont là ;
    A quoi bon que je glose. »
    Elle s'en va.

III

Qu'un vaillant laboureur travaille et se démène
    Hors d'haleine,
Excitant ses bœufs lents du fer de l'aiguillon.
Ou, la bêche à la main, courbé sur son sillon ;
Elle aime le travail, cet homme-là lui plaît ;
    Elle lui rit, approuve ce qu'il fait,
      L'encourage
      A l'ouvrage,
    Fait des vœux favorables
    Aux petits nourrissons,
    A la grange, aux étables,
    A toutes les moissons.

IV

Mais qu'un autre, flâneur, s'endorme sous l'ombrage
    Du noyer :
« Ah ! grand Dieu, s'il allait attraper *froid* et *chaud !*
    Ohé, mes sœurs, vite, faisons tapage
    Pour l'éveiller,
    Crions fort, crions haut ! »

V

Qu'un petit polisson, à l'humeur vagabonde,
    S'endorme au bord de l'onde :
« S'il allait y tomber ! ou bien si les serpents !!!
Ohé, mes sœurs, ohé, prévenons les parents.
Pères infortunés, que vous êtes à plaindre !
Avec de tels enfants, on a toujours à craindre. »

VI

Qu'un lièvre ou qu'un lapin s'allonge hors du gîte,
    Afin de pouvoir paître
    Quelques brins de sainfoin,
    Elle le voit de loin
    A l'herbe qui s'agite :
    « Ah le petit vaurien !
    C'est le lapin du maître ;
    Prévenons-le bien vite,
    Qu'il vienne avec son chien. »

VII

De n'entendre jamais *parler chasse* ou fusil,
Qu'un vieux et maigre chien, s'ennuyant au chenil
    Où rarement on mange,
Afin de prendre l'air et pour donner le change
    Au cours de ses idées,
    Vers les champs s'achemine,
    Emportant la vermine
    Dont ses chairs sont lardées :
« Oh la vilaine bête et qu'on la sent puer !
Ohé, mes sœurs, ohé! je crains qu'il n'ait pris rage ;
Assemblons les voisins, assemblons le village,
    Pour qu'on vienne le tuer. »

VIII

Qu'une jeune bergère, en filant sa quenouille,
    Assise sous l'ormeau,
    Garde aux champs son troupeau;
Que les chiens, comme à Rome, oubliant la patrouille,
    Dorment au loin d'ici ;
Que le loup affamé s'élance des broussailles,
Aussitôt elle crie : « Ohé les sans-souci !
Ohé, bergères, ohé! Prenez garde aux ouailles,
    La bête est par ici. »

IX

Qu'un renard effilé rampe dans les bruyères,
Présumant sur des coqs échappés des volières
          Pouvoir faire un festin;
              Impeccable vigie,
          Elle est là qui s'écrie :
« Ohé, petits, ohé! Fuyez, c'est le malin. »

X

Qu'une buse en tournant descende du zénith;
Que fouine ou que serpent monte à l'arbre sans bruit :
          « Dieu, voici les barbares!
Ohé, mes sœurs, accourrons, accourrons!
          On en veut à nos lares:
          Combattons, combattons! »

XI

Que le *cri-cri* bruyant fourmille dans les prés,
Que la *taupe-grillon* fouille le pied des blés,
Que le *man* en rampant sous le fraisier chemine,
Que *hanneton* lourdaud tourne autour du prunier,
Que *bombyce* ou chenille effeuille le pommier:
« Bon Dieu, dit-elle, ou bien ventre saint-gris!
          Jamais vit-on tant de vermine
              Dans le pays!
          Ça mettrait la famine!
Ohé! mes sœurs, ohé! faisons notre métier!
          Allons, faisons bombance,
          Tombons sur cette engeance,
              Point de quartier! »

XII

Qu'un dimanche après messe (il faut lire après boire),
Ou bien un jour de fête, ou bien un jour de foire,
Une femme ou un homme étendu sur la berge
    Et se plaignant bien haut,
Mette dans le fossé ce qu'il a pris de trop :
« Ohé, mes sœurs! hop, hop, vite, au galop!
    Courons vite à l'auberge,
    C'est du thé qu'il lui faut. »

XIII

Qu'un jeune couple uni tantôt depuis huitaine,
Bras dessus, bras dessous, à l'écart se promène,
Une main dans la main et les regards au ciel
Pour tâcher d'y trouver de la lune de miel
    Un rayon favorable :
    « Ah! que l'amour est agréable,
    Dit-elle en s'envolant;
Ne les dérangeons point, j'en ai fait tout autant. »

XIV

Mais qu'au sein du mystère, au fond du bois,
    Femme jeune et jolie, assise,
Défende mollement la vertu compromise,
    Aux abois,
    Contre un grand gars fort et hardi :
« Ohé, mes sœurs, ohé, ça passe badinage!
Assemblons les voisins, assemblons le village!
    Ah! Sauvons l'honneur du mari..... »

XV

Toute chose dans l'ordre et dans l'état normal
    Obtient sa bienveillance ;
Tout ce qui sent mystère ou l'état anormal

La met en vigilance,
En arrache un signal.

O chaste et sainte pie! O vestale offensée!
Gardienne officieuse et désintéressée
De nos biens les plus chers, de l'honneur des maris!
On cajole un serin, et tes jours sont proscrits!...

Elle a pourtant un petit reproche à se faire : c'est d'être parfois un peu trop affriandée par la chair délicate des petits des oiseaux; non pas par cruauté ni par tempérament, mais par dépravation passagère de goût, appétit de malade, espèce de manie, quand elle est en mal d'enfant.

Parmi les petits, les plus nombreux de tous, presque tous musiciens, chacun a son métier aussi; mais la plupart cumulent. Les uns sont trieurs de grains et passent leurs journées à détruire les mauvais, pour que la récolte nouvelle n'en soit incommodée; les autres échenillent. Dans les premiers : le modeste *bec-figue*, le *chardonneret* orgueilleux, le *linot*, le *bruant*, (ces trois cousins germains), le *verdier*, etc., etc.; et le *pinson* aussi, mais il a deux états : l'hiver il trie le grain, l'été il échenille. Pauvre pinson cassandre! Encore un incompris! Il prédit le temps, tire des horoscopes et donne des avis; mais il crie un peu fort, il rabâche parfois, vite qu'on le proscrive! O justice des hommes, tu es partout la même! Ce n'est pas le coupable que tu cherches, c'est celui qui te gênes!

On y trouve aussi trois espèces d'alouettes, la grosse huppée, la moyenne, la petite des prés; on nous fait espérer la quatrième : celle qui tombe rôtie.

Puis les échenilleurs. Quelle nombreuse et brillante famille! Ce sont eux que j'aime surtout. D'abord les deux *bergeronnettes*, la jaune et verte ou petite *bouvière*, qui tantôt se repose sur la corne des vaches, pour se chauffer les pieds, quand elles prennent leur repas du matin dans la prairie humide, tantôt court sous leurs mufles, et s'insinue jusque dans leurs naseaux qui fument pour saisir une mouche qui s'y est réfugiée; et sa sœur, la grise, noire et blanche, peut-être même un peu bleue, autrement dite la petite *lavandière;* proprette et retroussée, elle se promène sur le sable au plus clair du ruisseau, dans l'eau jusqu'aux genoux, pour y laver ses pieds qu'elle a salis dans la poussière, en courant les guérets devant les bœufs pour les guider et aussi pour attraper les mouches et ramasser les vers; puis tout à coup, avec un petit cri sauvage, dans un vol à ricochets rapides, s'élance après les *demoiselles* qui jouent au-dessus de sa tête en se mirant dans l'onde transparente. Ah! petite! petite! pourquoi être cruelle quand on est si jolie! Et puis elles sont si gentilles quand elles se reposent, presque sans le toucher, sur le panicule odorant de l'ulmaire fleurie! Eh! n'êtesvous point sœurs!... autant tu es gentille, autant elles sont jolies!

L'intéressant petit oiseau de *mauris,* vulgairement appelé *vitra,* parce que son cri habituel (qui n'est pas son chant) peut à peu près s'orthographier ainsi : *wittra, wittra tra.* Coiffé de noir, vêtu de brun, marqué de blanc, taché de feu, perché à l'extrémité d'une bruyère ou sur la pointe d'un long gramen qu'il fait à peine incliner, du rebord du chemin curieusement il vous observe passer, presque toujours vous accompagne pendant une centaine de mètres, vous précédant par volées successives de vingt à trente pas, au bout desquels il vous attend, chaque fois presque à la distance d'une longueur de bâton; puis tout à coup disparait derrière vous, rétrogradant, d'une seule volée en chantant, vers sa femelle qui couve ses œufs bleus dans une touffe de bruyère. De temps en temps, avec un petit chant joyeux, il s'élance à une hauteur de cinq ou six mètres où, par un mouvement d'ailes sur place rapide comme le volant d'un tourne-broche à poulie, il se maintient une demi minute immobile au même point de l'espace comme s'il y était suspendu par un fil. Voulez-vous savoir ce qu'il a l'air de contempler ainsi avec tant d'amour sur le sol? Abaissez mentalement, du point qu'il occupe dans l'air, une perpendiculaire à la bruyère et passant par son rayon visuel, elle tombera droit sur le point compris entre la naissance des ailes et du cou de sa femelle, et prolongée, traversera le centre de la chère couvée.

Le charmant *rouge-gorge*, l'ami de mon enfance, qui vient pendant l'hiver demander à ma porte des miettes de châtaignes : Entre, entre, petit, je te reconnais bien, nous fûmes camarades ! J'ai perdu des cheveux, mais non le souvenir !

Quatre espèces de mésanges, oh ! la jolie famille. Comme c'est bien tenu, comme ça s'entend bien ! Tous les jours elles font leur patrouille sanitaire, dès l'aubette sur pied, jusqu'à soleil couché, dans mon champ, mon verger, jusque dans mon grenier. Le matin quand elles partent, à travers mes carreaux elles viennent voir si je suis réveillé et me souhaitent bonjour : « Allons, me disent-elles, dors tranquille, nous partons pour l'ouvrage. » Charmantes ouvrières, on peut compter sur vous (30)! Et dire qu'elles ont des ennemis : l'homme, l'homme surtout pour qui elles travaillent.

Un jour de cet été, le cœur m'en saigne encore, j'ai vu, pas ici, Dieu merci, mais ailleurs, en pleine place publique, sous l'œil des magistrats, sous l'œil des gendarmes, sous l'œil de sa mère allaitant son plus jeune, un petit monstre (il pouvait avoir neuf ans) *plumer vifs* des petits de mésange ! Je savais la nichée, (je connais tous les nids des oiseaux, les mères me les disent) (A). Elle l'avait cachée dans le mur, au-dessus de la porte

---

(A) J'ai toujours eu une passion prononcée pour les nids des oiseaux, et je l'ai encore. C'est un goût bien enfantin, dira-t-on, aussi le tiens-je de mon enfance ; et aujourd'hui encore quand je découvre dans l'épaisseur du buisson, sur la branche du pommier, dans la bruyère, ou sous l'herbe du terrier, une petite mère couvant sa précieuse espérance de l'aile et du cœur, dont les petits yeux ronds et noirs m'observent avec inquiétude, hésitante, incertaine d'être vue, entre l'effroi que je lui inspire et le regret d'abandonner le devoir maternel, je n'ai pas de plus douce jouissance ; mais je ne reste point, je m'éloigne bien vite pour ne pas prolonger des alarmes pénibles, quoique si peu fondées, et tout ému moi-même de les avoir peut-être poussées trop loin. Quand, en l'absence de cette petite mère, éloignée quelques instants pour sacrifier à la hâte à la tyrannie de l'estomac, il m'est donné de pouvoir plonger les yeux dans une de ces petites merveilles de construction et de feutrage toute garnie au fond de petits œufs oblongs, roses, verts, bleus, ou blancs, ou gris, piquetés de noir ou de fauve, et marqués de signes réguliers dans leur apparente irrégularité, que l'on est tenté de prendre pour les caractères d'un alphabet étrange dont on ne peut détacher les regards, croyant toujours y surprendre, écrite en quelque langue inconnue, la pensée mystérieuse et tutélaire de

des vaches, étant là mieux placée pour attraper les *œstres*
quand le troupeau arrive ; le monstre la vola. Donc, il les plu-
mait vifs, les jetait en l'air, les rattrapait, les rejetait encore,
afin de les faire crier pour attirer la mère et la faire pleurer, ce
qui le faisait rire ; et la mère mésange, désespérée d'angoisses,
éperdue, folle de douleur, pleurait, criait, battait de l'aile,
frémissait, rasait le poil du monstre, cherchant à prendre ses
petits, non pas pour les sauver, elle était sans espoir, mais pour
les embrasser une dernière fois ; elle eut tout donné, sa vie, sa
liberté pour sauver ses enfants. Et la mère du monstre, la
femelle d'un homme, riait, encourageait son drôle en lui disant :

---

l'ange gardien de ce petit foyer. Quand, en repassant quelques jours après, cela a
disparu pour faire place à un amas de petits corps rougeâtres et sans plumes, en
apparence inanimés ; que tout à coup, au bruit que je fais en me penchant au-
dessus, un faisceau de petits cous grêles se dresse, nu comme par un ressort,
du fond à la surface, agitant jusqu'au-dessus des bords une poignée de petites
têtes encore aveugles qui, en tremblotant, me présentent leurs petites gueules
rosées avec un petit piaulement continu et suppliant, me prenant pour leur mère
providence. Quand, quelques semaines après, je reviens et que je retrouve cette petite
habitation toute comble, comme si le fond avait monté à la surface, toute comble
et emplumée, régulièrement garnie tout autour d'une couronne de petits becs
bordés de jaune et d'une série d'yeux noirs et ronds qui m'observent avec
l'ébahissement de la surprise et de l'effroi ; que toute cette petite masse conglobée
imperceptiblement se resserre, se rapetisse, s'affaisse, recule et fait mine de vouloir gagner le large, tenue momentanément en suspend entre la surprise et la
terreur, je me retire bien vite, souriant dans ma barbe à l'idée de cette terreur
vaine que j'ai inspirée et du danger si peu sérieux au fond auquel on croit avoir
échappé dans ce petit monde ignorant ; cherchant aussitôt dans une autre distrac-
tion du même genre à éloigner cette autre idée attristante qui s'éveille en moi,
presque invariablement à la suite de la première, à savoir : combien le préjugement
injuste qui naît de l'ignorance, de l'idolâtrie de soi-même, de la défiance des
autres et de la peur à la fois, est familier à tous les êtres ; et combien de gens,
par mauvaise ou bonne foi, ont été accusés et malmenés, qui, pour le respect
qu'ils portaient aux choses dont on les accusait d'être les ennemis, n'ont pas
trouvé d'égaux parmi leurs accusateurs. Et quand je rentre le soir, je suis plus
content que si, dans un après-midi, au *Parc* ou au *Jardin-Vert*, j'avais excité
l'admiration envieuse d'un grand nombre en promenant sur mon dos un spécimen
affirmatif de l'habileté de mon tailleur, ou que si, enrichi dans des spéculations d'une
probité équivoque, maintenant chaudement établi auprès d'un bon feu et me pré-
lassant mollement, je charmais mes loisirs en écrivant, avec une plume taillée dans
le sabot qui frappa le dernier le lion vieux et malade, ces *généreuses pages* enfan-
tées sous l'influence d'émanations jécoraires, où, ne trouvant pas la Pologne assez
malheureuse, on cherche encore à l'insulter ; et il me semble quand je m'endors
que les anges visitent davantage mes rêves.

« Fais-les crier, attrape, attrape. » Je me serais battu, j'aurais donné vingt francs pour disséquer sa tête. Apprenti assassin! Ta mère te conçut dans une vision sale avec des assassins. Il n'y a donc pas de lois! Qu'on en fasse. Il n'y a donc pas d'hommes, pas de cœurs, pas de mères en France, que l'on souffre cela! (31) Ah, pour l'amour de Dieu, bonnes mères, ne donnez pas à plumer vifs à vos enfants les petits des oiseaux! Oh, pères, ne souffrez pas que vos mâles aillent en partie d'agrément voir mourir l'agneau ou la génisse qui donne sa vie pour vous nourrir (32)!

J'en passe, et des bons : tous les oiseaux *grimpeurs* (six ou sept variétés charmantes), tous d'un haut mérite et hauts éche-nilleurs, malheureusement trop rares. Parmi eux, quatre espèces de *pics charpentiers*, tous richement habillés, vêtus comme des princes... d'opéra, et cachant sous des allures un peu originales des mérites solides. J'en passe encore bien d'autres; ah! l'on ne peut t'oublier, toi, petit imperceptible *troglodyte* des Gaules. Si l'on ne te voit pas, au moins l'on peut t'entendre, car tu fais vibrer l'air à crever le tympan. Que diable fais-tu là, à l'entrée de ma cave?—Parbleu, je chante en faisant mon nid.—Quoi, c'est ton nid cela, gros comme ma tête, toi qui est si petit (33)? — C'est que je veux avoir un grand nombre d'enfants. — Ah mon Dieu, toi qui es si petit! Tu pèses quatre grammes, et plutôt moins que plus; je l'ai vu ce matin, lorsque tu es entré dans mon laboratoire, à travers le volet que le soleil fit fendre; tu as posé les pieds sur l'un des plateaux de la balance où je pèse la vie et la mort des humains, dans l'autre devaient être deux poids de deux grammes chacun, tu ne l'empor-tais pas, il s'en fallait au moins de la valeur d'un gramme. Donc, à vrai dire, tu n'en pèses que trois, et plutôt moins que plus. Vérifions : hé! non, il y a erreur, c'étaient deux poids d'un gramme, tu n'en péserais qu'un..., presque rien, guère plus que la reconnaissance de ceux que j'ai sauvés. Tu es donc bien petit! et tu es trois quarts plume. Grand Dieu, que tu es petit, et tu chantes si fort! Ah! c'est que tu ressembles aux cordes de ma lyre, plus elles sont petites, plus elles font de bruit.

Parmi les voyageurs, presque tous visitent le pays : les uns seulement le traversent, conduits par leurs affaires en des contrées lointaines; mais de ces étrangers, presque tous gens de mérite, un grand nombre vient s'y fixer pour la saison des eaux, apportant chacun son industrie; tout le monde en profite. Quand leur fortune est faite, ils s'en vont; je veux dire quand leur nichée est grande. La plupart musiciens et aussi architectes (d'autres ne le sont pas) : quelle légion d'artistes, depuis ce maëstro immortel, mais non moins bon père qu'artiste, qui sans cesse chante ou pleure ou gémit, craint et travaille pour sa famille, jusqu'à cet insouciant, gros et mal embouché qui, ne voulant rien faire pour sa postérité, vient ici tous les ans la mettre aux *enfants-trouvés* (33 *bis*).

Entendez-le, là-bas dans la futaie, dans un patois grossier, en deux syllabes creuses sottement répétées, insultant tout le monde. Mais, animal, au moins parle français! Si tu ouvrais Molière qui devait s'y connaître, tu verrais comment il les écrivait : la seconde sans *o*, la première sans *u*. — Après ce vilain merle (A), parmi les gros, on compte la douce tourterelle. Que dire d'elle? Tourterelle.... tout est dit... — Après elle, la *huppe*, une charmante dame : robe à carreaux noirs et blancs, sur un fond feuille-morte, pas commun du tout, et coiffée...

(A) Nous ne parlons point de l'oiseau-gibier proprement dit, principalement de la caille idiote et impertinente au débiteur en retard (*). Toujours glisser sous l'herbe, jamais ne percher sur la branche, n'avoir pour horizon qu'un champ de quelques ares, pour point de vue la hauteur d'un sillon; avoir toujours la terre en perspective à la distance focale du mycroscope, sans cesse se cacher en proscrit et terminer invariablement sa carrière dans un guet-apens sanglant, sous le nez d'un chien d'arrêt, ce n'est point vivre de la vie de l'oiseau, c'est traîner une existence de victime prédestinée pour l'holocauste; c'est égrener ses jours amers un à un, comme le condamné dont l'heure du supplice est marquée.

(*) Le chant de la caille, si toutefois on peut appeler cela un chant, se rapproche à peu près de ces sons répétés deux ou trois fois de suite : *Paitedett, paitedett.* Les gens de la campagne, par un rapprochement un peu forcé, prétendent y entendre : *paie tes dettes, paie tes dettes.* Je me souviens même d'avoir entendu chanter dans mon enfance une chanson sur ce sujet et avec ce refrain.

une aigrette ou plutôt un éventail étalé sur la tête; c'est nouveau; les nôtres n'y ont pas encore songé, mais je l'attends
pour la saison nouvelle. Parce qu'elle a une certaine façon à
elle de prononcer son nom (34), on lui reproche d'aimer les
odeurs fortes (je n'en sais rien, nous nous fréquentons peu);
elle vit retirée, de suite on dit : « C'est un indice. » Ce sont les
vieilles filles, par dépit, parce qu'elle est un peu fière, qui font
courir ce bruit, mais je ne le crois point; et quand ce serait,
est-ce que cela vous regarde? Tous les goûts sont permis,
pourvu que l'on se tienne à distance pour n'incommoder personne. Combien n'ont pas cette circonspection. Pour moi, elle
a plutôt l'air d'une personne qui a eu des malheurs; je la
trouve charmante.

Ensuite le *loriot*, jaune comme de l'or, avec par-dessus
vert-olive foncé, brillant, resplendissant, à la dernière mode.
Il est un peu tailleur, il manœuvre l'aiguille, emprunte à la
bergère son aiguillée de fil pour suspendre son nid à la branche
du chêne (A); du reste propre partout, jusque dans son ménage,
un peu friand, délicat, (après les papillons, c'est la cerise qu'il

---

(A) Rien de merveilleux comme l'art avec lequel il suspend son nid à l'extrémité
d'une branche : dans l'angle de la dernière bifurcation d'un petit rameau horizontal,
haut situé, avec des teilles de chanvre ou d'autres plantes textiles, avec des effilures de chiffons, des bouts de laine ou de fil laissés par les bergères en gardant
leurs troupeaux (*); il établit des anses très lâches et flottantes, s'entrecroisant,
dont les bouts sont solidement entortillés aux côtés de la bifurcation; puis avec de
petits lichens desséchés, dans les anfractuosités desquels s'accrochent des poils de
laine, il tisse, tasse, masse, feutre tout cela; matelasse, rembourre l'intérieur
d'herbes fines, de crins et de flocons de laine, et finit par construire une petite
pochette d'une capacité moindre que celle des deux mains jointées, suspendue par
son ourlet dans l'enfourchure du rameau, comme la sébile des quêteurs de rue
lorsqu'ils veulent solliciter l'offrande aux étages élevés des maisons. Vu d'en bas
au milieu du feuillage, sur la nuance verte duquel il tranche par sa couleur blanche,
ce petit chef-d'œuvre de feutrage a l'air d'un petit hamac aérien balancé par les
vents; c'est là qu'il couve ses œufs blancs, finement pointillés de gris, et qu'il
élève ses petits, d'abord nus et d'un rouge orangé au premier âge, puis s'emplumant de gris moucheté avec les ailes et la tête d'un vert gai, pour revêtir enfin, à
l'âge de leur majorité, le splendide uniforme de la famille : ailes vert-olive foncé
et corsage de cette admirable nuance jaune qui hésite entre l'oranger, le jaune-
soufre et l'or pâle.

(*) Il n'est pas rare d'y trouver avec le fil l'aiguille elle-même où il est enchâssé.

préfère), siffleur, original. — Après lui, la *pie-grièche,* plus petite ; deux variétés, la petite et la grosse. Espèce de paysanne, pas exclusivement, il y en a un peu partout ; insolente, hardie, tapageuse, rageuse, batailleuse, mais surtout bonne mère. J'aime assez cette petite-là, elle se *flanque* une *trempe* avec le premier venu, elle se battrait avec un aigle pour défendre ses petits : on dirait un Gaulois contre un ours géant du Nord. Musicienne ? Heu, heu ! très-peu, comme on l'est chez nous : voix enrouée un peu fausse ; qu'on aille lui dire là-haut sur la pointe de la branche séchée ! Ça vous a une tête, un bec et des griffes : mauvaise tête et bon cœur, il n'y en a pas de meilleurs. Puis enfin les petits : les deux *fauvettes,* l'ordinaire et celle à tête noire, qui toutes deux empruntent à la brebis des champs un flocon de sa laine pour rembourrer leur nid ; parfaites musiciennes l'une et l'autre, échenilleuses aussi ; la dernière un peu rare.

Parmi les voyageurs, les uns sont de l'hiver, d'abord notre ami le *corbeau* qui vient tous les ans à la fin de l'automne pour *énoiser* nos noix ; le gage est convenu : la coquille pour le maître et le dedans pour lui ; il ne le ferait à moins. Il y vient plus rarement depuis un certain temps (35) ; on l'aura mystifié...» (Eh ! faut-il autre chose que : « *Un jour maître corbeau, etc....* » Cette insultante immoralité dont on a osé faire une chanson pour rire ! Voilà bien le Français ! Qu'un homme bon et confiant éprouve des désagréments et tombe la victime d'un roué, d'un fripon, au lieu de lui prêter main-forte, c'est de lui qu'on se moque.)

Ensuite la *bécasse,* elle y arrive la veille de la Toussaint, à la veille *des morts :* mœurs inconnues, elle vit dans les bois, solitaire, fréquente peu les hommes ; aurait-elle à s'en plaindre ? Je lui crois le nez fin, il a bien la longueur pour cela. Elle demeure peu et s'en va quand le carême vient ; aurait-elle flairé que sa chair est considérée maigre sur les tables dévotes ? Nez et raillerie à part, je lui crois de l'esprit : ce qui me le fait dire, c'est qu'elle ne dort pas, comme le font, dit-on, les grands hommes et les chercheurs de fortune et de gloire. « Eh, non, papa! c'est parce qu'elle a faim, » me dit ma petite fille de six ans qui m'entend parler haut à mesure que j'écris. Le fait est, que lorsqu'on a un boyau vide.... (et elle l'a souvent) l'enfant a du bon sens ; il pourrait bien se faire que, sans compter la maladie, en outre de l'amour de la gloire et des richesses, la faim eut quelque part à tenir l'homme éveillé.

Les *vanneaux*, les *pluviers*, en mai, ne font qu'y passer pour savoir si les neiges finissent. Ils n'y mangent pas ou guère, et pour de bonnes raisons.

La *cigogne* n'y prend qu'un seul repas, elle y soupe ou déjeûne au mois d'août, d'un haut pied de maïs, à défaut de serpent.

Les *grues* deux fois par an le visitent en passant, une fois le matin pour dire au laboureur : « Il est temps de rentrer ton reste de récolte et de jeter en terre le grain pour assurer la récolte à venir ; » une autre fois le soir, pour lui crier d'en haut : « Les veillées sont finies, le temps est arrivé de se coucher moins tard, pour se lever plus tôt. »

Ah! je t'avais oubliée, ma fidèle hirondelle! Pas mauvais architecte, surtout parfait maçon, elle revient tous les ans finir ou réparer sans surcroît de salaire, les travaux commencés, abandonnés l'hiver; elle s'était engagée, ne craignez qu'elle y manque; quel exemple à citer! Reviens, reviens, petite, nicher sous ma fenêtre, et fais la chasse aux mouches. Ah! que n'as-tu le bec aussi grand que je souhaite pour avaler les grosses qui insinuent leurs larves jusque dans nos mets les plus chers.

Arrêtons-nous ici de peur d'être indiscret; je pourrais attir er le chasseur sanguinaire et je ne l'aime pas, j'aime mieux vous voir, entendre l'oiseau sous la feuillée. voltiger, faire de la musique, aimer, faire son nid, que de le voir roussir à la broche, arrosant de son suc une rôtie de pain, fut-elle frottée d'ail. « Mais tout cela ce n'est pas de l'arboriculture ? En quoi l'oiseau touche-t-il à la tenue des arbres. » Plus que vous ne croyez; et lorsque vous ferez de l'*étéro-morpho-génésie,* ou bien, en termes de mortel, lorsque vous changerez, par la greffe dite en *fente,* un sauvageon amer en arbre à fruits plus doux, oubliez d'entourer vos greffes précieuses de solides tuteurs ou bien d'épouvantails, et vous verrez si la pie, ou le geai, ou le merle, ou tout autre gros oiseau, en se posant dessus, et cela sans malice, mais par son propre poids, ne les fera pas chavirer; et adieu votre ouvrage. Vous voilà des regrets pour toute une saison. Et si je vous disais qu'en un matin de neiges, et cela pas plus vieux qu'antan, deux charmants bouvreuils, le mâle et la femelle, me dépouillèrent de leurs bourgeons fruitiers, et d'en haut jusqu'en bas, un *cerisier Hortense* et deux *pruniers d'Agen*, me diriez-vous encore que les oiseaux ne touchent pas à l'arbre? Je n'en veux rien qu'à vous, charmants petits vilains, si vous y revenez...

Heureux peuple, en attendant, etc.

Car la fraîcheur des lieux fait naître l'herbe tendre, l'herbe tendre en mourant fertilise le sol, le sol fertilisé pousse au grand végétal, et le grand végétal, sur les coteaux, attire le nuage qui se résout en pluie. L'eau des pluies ne pouvant se reformer en nues, à cause de l'ombrage, s'infiltre dans la terre à travers sa surface, pénètre le sous-sol, rencontre la roche imperméable ou bien une couche glaiseuse, s'y réunit en nappe, glisse sur son plan incliné, et va sourdre plus loin en une source fraîche, en un point plus déclive. La source se dirige vers le fond du vallon; une autre fait comme elle, elles mêlent leurs eaux; puis une autre s'y joint pour former le ruisseau. Le ruisseau, d'abord faible, marche seul et sans bruit vers le fond du thalveg; puis il rencontre un frère allant au même but, ils confondent leurs eaux pour se donner courage; au détour du coteau un autre les rejoint, un quatrième, un cinquième, et voici la rivière coulant à pleines rives au fond de la vallée. Au pied de la montagne, une sœur se présente qui l'attend au passage, on s'embrasse bien vite; on rencontre une amie et l'on fait route ensemble; leurs forces réunies font la force d'un mâle, c'est un grand fleuve alors qui court vers le rivage, pour porter son tribut à la mer. La grande mer voyage autour des continents; le soleil lui reprend ce qu'on lui a donné pour former de nouveau le nuage qui remonte au coteau pour s'y résoudre en pluie qui doit donner naissance à la source, aux fontaines et aux petits ruisseaux, etc., etc.

Telle une ménagère, le dimanche matin, après avoir donné au ménage le dernier coup de main et mis dans la marmite, où cuit la soupe aux choux, le petit salé frais, redresse devant la glace pendante à la muraille, sa fine coiffe blanche, prend son livre de messe et se dirige vers la paroisse, hâtant un peu le pas, se croyant en retard; bientôt elle rattrape une commère partie un peu plus tôt, allant plus doucement : on se dit bonjour, on cause et l'on se met au pas; une autre plus attardée les rejoint, essoufflée : on se fait compliment, chacune se porte bien, la conversation marche ; une quatrième se rencontre au détour du chemin, puis une cinquième, puis une autre, etc., etc......... On arrive à la place, chaque chemin fournit son contingent, et l'église s'emplit. Lorsque la messe est dite, chacune s'en retourne au village par la voie la plus courte (quelquefois la plus longue) qui conduit à chez soi.

Heureux peuple jouis, etc.....

Car partout dans tes petits ruisseaux l'écrevisse foisonne; dans tes plus grands ruisseaux l'anguille insaisissable frétille, et la truite rapide s'élance à l'hameçon, argentine en dehors et rosée en dedans. Dans tes étangs, la tanche brune et grasse, la carpe qui reflète le bronze sombre et l'or pur, la perche au dos arqué fuient devant le brochet cannibale dont la gueule, fendue jusqu'à mi-corps, ne reconnaît ni parents ni amis; souvent on le rencontre gravement qui avale son aîné déjà grand, digérant sans remords son fils qui, jeune encore, avait déjà croqué son enfant tout petit, croquillant avec joie le fruit non innocent de ses premières amours! Quatre ou cinq générations rentrées... « Mais, grand Dieu, me crie-t-on, que nous font les poissons? » Pas grand chose tant qu'ils sont en vie, mais cuits et préparés par la main de Vatel, leurs arêtes pourraient vous étrangler, prenez garde de les avaler ; non plus ne les jetez aux ordures de la rue, mais sagement réunies à la queue, aux issues, aux branchies, aux écailles, aux déchets de l'office, surtout de la marée, aux produits assemblés qui résultent des vacations réunies de votre marmiton et du palefrenier, donnez-les pour pitance à vos arbres souffrants, en arrosant le tout du contenu des vases..... je n'ose les nommer : c'est mon ami Raspail qui l'a dit, et vous savez qu'il est mal embouché ; et vous verrez comment de tant de saletés ils sauront bien s'en faire des pommades onctueuses, de brillantes couleurs, des parfums embaumés !...

Heureux peuple, etc., etc.....

Partout sur les tertres arides, mais ombragés, sous les vieux châtaigners qui penchent vers la tombe, après des pluies d'orage ou d'été ou d'automne, apparaissent un matin des légions nombreuses d'êtres bizarres, étranges, mystérieux; on les dirait *sués* dans une nuit de fièvre à travers des pores invisibles sur le sol étonné de les voir... Tel un malade atteint de la *picotte*, quand le délire tombe, se regarde dans la glace et ne se reconnaît plus. Faits, contrefaits de toutes les façons, bariolés de toutes les couleurs; celui-ci est tout rond, globuleux, gros, monstrueux; celui-là n'est qu'un fil; tel porte un casque, un bonnet de guerrier circassien, cet autre un parapluie, un chapeau chinois; d'autres vont tout nu-tête comme des moines mendiants. Une nuit les vit naître, ils mourront demain; ils sont là, nul ne bouge, tout au plus enfle-t-il.... D'où viens-tu? Que fais-tu ? Que veux-tu? Qu'es-tu? Es-tu pierre?... — Non, la pierre est toujours pierre, elle commence pierre, reste pierre, et moi j'ai commencé hier, j'ai grossi, je finirai demain; je suis mou comme chair et tu peux me manger. — Es-tu un animal? — L'animal va, vient, se promène, voit le danger, le craint, l'évite, s'éloigne, se rapproche, change de place et mange ; moi, je ne vois, ne mange ni ne bouge ; je nais, je gonfle et crève sur place. — Tu es donc végétal? — Non, la plante a des fibres ; je ne suis que cellules. Elle vit par ses racines qui se ramifient et la fixent au sol ; je n'y suis qu'appuyé. Elle aime, fructifie, se reproduit de semence ; et moi je viens de rien (36). Elle brûle et se réduit en cendre ; sur la braise je me tords, je me crispe, je noircis comme la peau du diable, et m'en vais en fumée en répandant l'odeur de corne brûlée. — Qu'es-tu donc? Car enfin tu m'effraies avec tes airs de mystère ; rien ne donne l'effroi, la terreur folle, comme l'inconnu, le mystère, ce qu'on ne comprend pas. Qu'es-tu? — Rien! je suis à la matière organisée et vivante ce que les visions folles de l'être qui succombe, au moment où son âme voit déjà les demeures sombres, retenues par un fil à ses restes mortels, sont à la raison, à la réalité. — Qu'es-tu? Qu'es-tu? — Rien qu'un songe! Le trait d'union du passé au futur, le songe de la végétation vieillie et épuisée passant d'un monde à l'autre, par le chemin tortueux de la métempsycose, en rêvant *champignon*. — Ha! nous y voilà! Il va nous parler des champignons de son pays! — Ne ferai, puisque vous savez qu'ils y croissent. D'ailleurs, qui ne connaît aujourd'hui la barbe et la chair croquante et savoureuse des *cèpes* du Montebellovac, ses *morchelles esculentes* (37), semblables à un rayon d'abeilles échappé par mégarde du bissac d'un voleur sous le charme, sur le bord du chemin? Ses *oronges* brillantes, que l'on prendrait d'abord pour des fruits de Séville déposés sur le sol dans des cornets blancs taillés en forme de collerette *Médicis* ou *Henri IV* ; ses *giroles*, couleur jaune nankin ; ses *agarics* roses croissant tout le temps dans les prés, bien supérieurs à ceux qu'on élève sur couche, car ils rappellent lorsqu'on les fait cuir la couleur et l'arôme de la truffe parfumée (d'un peu loin il est vrai) ; ses charmantes *brunettes (agaricus procérus)* que l'on prendrait de loin pour un berger des Landes en miniature monté sur ses échasses, coiffé de son capuchon gris ; ses délicieux petits

fromentins (agaricus tortillis) qui répandent l'odeur du pain
que l'on enfourne, etc., etc.! Mais, que vois-je? *proh pudor!*
L'ignoble, le hideux, l'infect, l'abject *phallus impudicus*,
comme un roi des Ribauds, entouré de son ignoble cour,
debout au milieu de soixante légions de mécréants perfides (38),
équipés, figurés de cent façons, bariolés de mille couleurs,
rouges, jaunes, verts, violets, gris ou noirs comme la barbe de
Satan. Il y en a qui sont sales et déchiquetés, déguenillés
comme un petit lépreux qui s'est roulé dans la poussière, sale
sur la figure, plein les cheveux de terre et de misère; d'autres
ont l'air d'avoir la petite vérole; il en est qui affectent la candeur, l'innocence, le blanc pur, le rose tendre : perfidie,
mensonge, trahison! Méfiez-vous, prenez garde, n'y touchez!
Ce sont des masques; ils distillent le poison. Tout est mensonge, perfidie, trahison! C'est Satan qui, passant traitreusement
la main sur le sol, la nuit, au milieu d'un éclair, a répandu tout
ça, comme autant de boulettes parmi les productions de Dieu
pour lui faire niche et tâcher de pêcher quelques-unes de ses
ouailles en eau trouble!

Mais ce n'est pas le sujet, et vous aviez promis.... — J'en
conviens, je m'excuse; mais quand même, sous le prétexte
de l'arboriculture, je vous aurais empêché de manger un
champignon mortel, pourriez-vous m'en vouloir? Et d'ailleurs
les mauvais champignons ne tuent pas seulement que ceux-là
qui les mangent, ils font aussi mourir ceux à qui ils s'attachent. Gardez-vous bien, lorsque vous plantez vos arbres,
surtout vos cerisiers, de faire comme moi, de les mettre trop
bas, de les enterrer au-dessus de la greffe : vous les verriez
pousser, pousser à vous faire pâmer d'aise, mais au bout de
quelques ans, au moment des chaleurs qui succèdent à un
printemps pluvieux, l'arbre s'arrête étonné, la feuille vire du
vert au rose, rougit, brunit et tombe dès Saint-Jean; l'arbre
est empoisonné! Déchaussez-le bien vite, s'il en est temps
encore, et vous trouverez partout, autour du collet, un réseau
embrouillé de fins fils, longs et blancs, qui injectent le poison

à travers l'écorce des racines : c'est le *bissus!* Grattez, ratissez
bien les pauvres malades, lavez-les abondamment d'eau de
suie, d'eau salée ou de lessive; saupoudrez de soufre comme
contre-poison, peut-être pouvez-vous espérer encore.

Soignez bien vos vieux arbres, pansez bien leurs blessures,
craignez les champignons, rien ne les affriande comme la
chair des vieux; et quand vous en aurez qui laisseront voir
leurs os jaunissants et molasses à travers des cicatrices gagnées
en longs labeurs au service de vos plaisirs, n'épargnez pas
l'onguent, car vous verriez bientôt s'y former, comme un bloc
de foie malade, le spongieux *amadouvier*. Nos anciens, jusqu'au
tiers de ce siècle, lui firent grand honneur : il rallumait le feu,
il étanchait le sang; il a beaucoup perdu de son crédit depuis
qu'on l'a trouvé dans une infériorité marquée vis-a-vis de l'allu-
mette chimique pour mettre le feu à la maison du voisin.

Heureux peuple, etc., etc.....

Car tu n'as rien à envier au reste de l'univers; c'est à peine si
chez toi le meurtre et l'incendie atteignent la faible proportion
d'un pour mille de la population. Quant au vol et à la rapine,
tu en as conservé la fidèle tradition et la saine pratique dans
toute leur pureté patriarcale! Et si jamais la Gascogne modeste
et la Normandie candide venaient à manquer de sujets pour
recruter leurs légions de témoins, c'est chez toi qu'elles vien-
draient les compléter!.. O mon pays, je te raille! et pourtant je
t'aime, je t'aime, car toi aussi tu as eu tes beaux moments! tu
as eu à ton heure tes humbles et généreux dévouements patrio-
tiques, ignorés, oubliés de la lyre qui chante la gloire dorée qui
pose! Humbles, oui, mais touchants et nobles pourtant. Tu as vu
quatre jeunes frères, frères aînés ou puînés de quatorze autres
frères, unis par la main et par le cœur, donner le baiser d'adieu à
leur bonne mère et partir! Ce jour-là le 1er *bataillon des volontaires de la Charente* comptait quatre soldats de plus (39). Tu as

vu ces quatre généreux jeunes gens, je me trompe, ces quatre
généreux enfants, voulais-je dire, car l'aîné avait à peine vingt
ans et le plus jeune pas quatorze encore, au premier appel de la
patrie en danger, voler à la frontière du Nord!... Quelques semaines après, deux d'entr'eux ne lui devaient plus rien!.. Ils n'avaient
plus rien à lui donner. Des deux seuls qui restaient, à moins
de deux années de là, le plus jeune, devenu à son tour inhabile à
la servir, retournait humblement au pays natal, traînant d'ambulance en ambulance, d'étape en étape, le reste de ses chairs
que la bayonnette et la mitraille autrichiennes n'avaient pu
finir de lui arracher. Des temps vinrent où il fallut cacher le
sang qui coulait des blessures reçues au service de la patrie...
O toi, jeune mutilé qui devais être mon père, ô vous ses frères
que je n'ai point connus, puissent ces trois lignes d'histoire
ignorée, oubliée de la lyre qui chante la gloire dorée qui pose,
consacrées par l'un des vôtres, tout vôtre, votre admirateur
passionné, au souvenir de votre généreux dévouement patrio-
tique, vous récompenser au-delà de la tombe, quoique tardi-
vement, de votre vie, de votre sang, de votre chair que vous
avez laissés pour la défense de la patrie sur sa frontière, sur le
sol ennemi, sur le champ de bataille!....

On ne manquera pas de nous dire que c'est par millions que
l'on compte ceux qui ont versé leur sang sur les champs de
bataille; qui l'ignore? Certes celui-là qui, contre sa volonté et
ses aspirations, fait soldat de par la loi, verse, sans goût pour
les combats, son sang dans des guerres dont le but et la portée
politiques lui échappent, est digne de toute sympatique compassion, et ses malheurs nous intéressent! Que d'autres, par
amour de la vie de soldat, en y cherchant la fortune et la
gloire, éprouvent des accidents militaires, c'est regrettable
sans doute, mais ce sont affaires à eux. Ce que nous admirons
chez nos quatre jeunes amis, ce n'est point la passion du métier
des armes, dont pas un d'entr'eux sans doute (s'ils eussent
échappé, et en supposant qu'ils eussent eu les talents nécessaires pour y parvenir) n'eut voulu faire sa profession; ce qui

nous touche chez ces nobles enfants, comme chez tous ceux qui ont senti comme eux, c'est ceci : *la patrie est en danger*. Dans leur généreux amour filial, ils ne distinguent point la patrie de leur mère ; on leur dit qu'on se fait tuer pour elle, là-bas, ils y courent !.....Qu'on en rie, si l'on veut, moi je vous dis que je ne peux pas écrire ces choses-là sans pleurer... Il est vrai que je pleure encore chaque fois que je relis le récit de la conduite des Spartiates aux Thermopyles ; et vous-même, je vous défie, pour peu que vous ayez l'âme bien placée, de prononcer tout haut ces paroles, sans que votre voix soit émue : — « Va dire à Sparte que nous sommes morts ici pour sa défense et pour obéir à ses lois. » — Hé bien ! Voici l'adieu que le plus jeune de nos quatre campagnards recevait de ses frères mourants sur le champ de bataille, quelques semaines après avoir quitté le toit maternel : — « Petit frère, si tu n'es pas tué toi aussi, et que tu retournes au pays, tu diras à notre mère que nous avons fait notre devoir.... » Et deux ans plus tard, invalide à seize ans, il venait le redire au village.

CH... IV

Lorsque l'astre du jour lance du haut des monts son char
rapide pour recommencer sa carrière accoutumée, il tamise en
passant ses rayons à peine tièdes encore sur le pays accidenté
du Montebellovac ; puis il monte au Zénith : là, il s'arrête un
instant, dardant ses rayons embrasés sur une plaine immense(40)
qui s'étend en pente douce vers l'Occident, jusqu'au royaume
de la vieille amphytrite ; il semble vouloir la dévorer de ses
regards de flamme. — Jamais cette plaine brûlante, mais non
brûlée, ne vit croître le *soissons tympanique* (41) ni le mélodieux
flageolet(42) ; — puis il glisse sur son plan incliné, en la léchant de
sa langue de feu, jusqu'aux lieux où finit la terre, et disparait
aux regards attristés des humains pour aller se reposer de ses
labeurs dans le sein de Thétis toujours jeune après six mille ans
de jeunesse. D'un bout à l'autre de cette plaine torride se
déroule un fleuve majestueux, immense, jusqu'au royaume du
père commun des eaux : tel un énorme serpent d'argent, attaché
par la queue au-delà du Montebellovac (43), aux pieds des
monts, irait en fretillant vomir dans l'immense plage salée le
venin distillé sous sa langue fourchue.

Dans cette plaine, au niveau du tiers du cours du fleuve, assez
loin de lui, à sa droite, du côté du *charriot de David*, s'élève,
sur un tertre crétacé, une petite cité dès longtemps et encore
célèbre par ses pâtés aux truffes (44) ; elle fait aussi cuire sous la
cendre le fruit de l'arbre à pain et cherche à en appâter le

voyageur ignorant ; mais son procédé ne vaut pas *le diable*, et les châtaignes du Montebellovac en revendraient à ses marrons. On dit que ses peuples penchent vers les *fausses croyances ;* l'esprit du mal y ferait de fréquentes apparitions ; et si l'on en croit l'une des cent bouches de la renommée, dans une agape récente, sa jeunesse aurait laissé voir quelle mordait avidement au pain de *Bélial* (15). Petite cuisinière, ouvre tes foyers à la vraie foi, ne t'engage point davantage dans l'erreur ; ne tente point la gloire dangereuse d'une défaite inévitable, en combattant contre la phalange sacrée de Pierre l'Hermite ! Contente-toi de la gloire d'avoir inventé les fromages de chèvre faits avec du lait de vache, dont la renommée empêche de dormir une autre cité plus antique que toi, bien loin, bien loin, située de l'autre côté du fleuve, vers *Orion* (16), et dont le sol ne fut jamais foulé par la sandale prophétique. O vous, habitan's de ce pays lointain, ne cherchez point à enlever à votre jeune rivale la seule gloire qui immortalisera ses peuples pasteurs ; laissez-lui ses fromages (17) ; que vous faut-il de plus, à vous qui, pour la candeur et sous les rapports de vos produits, en revendriez presque au gras et candide pays du Maine. Fasse le ciel que l'armée de la foi trouve dans votre heureux climat des auxiliaires et non des ennemis !

Non moins loin de nous, dans la plaine torride, vers le milieu du cours du fleuve, vis-à-vis du ventre du serpent, s'élève, non, s'enfouit une cité étrange, pleine de mystère, fière depuis quelques jours d'avoir donné naissance à un roi, mais surtout de se sentir en état d'acheter un royaume. Quel est son nom ? Demandez-le aux quatre coins du monde, aux malheureux qui brûlent leurs entrailles (croyant les conserver) aux mélanges incendiaires des D...., H...., M...., S...., etc., etc.....

C'est la cité sorcière, la cité magicienne ! L'eau s'y change en vin, le vin en esprit sagement mélangé de celui que l'on retire du grain venu sous un climat plus tempéré ; l'esprit s'y change en or ; tout y est or, s'y fait or, y devient or ! La dernière de ses filles a plus d'or et de joyaux à sa couronne de fiancée que les diadèmes de la reine de *Golconde* et des épouses préférées des *Rajahs* du *Pinjaub* et de *Lahore!* C'est la *Damas* moderne (48)! Le dieu du mal, dit-on, y tiendrait ses assises provinciales; dans ses jardins, *Armide* se livre à ses enchantements; *Argant* y fait force tours de force et prouesses, et affiche du dédain pour *Renault*... C'est là que la phalange sacrée aura un de ses plus sanglants combats à livrer. Plus près de nous, en remontant le fleuve, on rencontre un autre lieu plein de magie : bourg pourri de Damas, il vit de ses bribes et singe ses enchantements; il est et fait, en petit, ce que l'autre est et fait en grand. Perfide, tes coups sont connus !

> « Le couteau d'un soudard *moins guerrier qu'assassin,*
> Transformé par l'histoire en un sanglant burin,
> Te montrera toujours à la postérité,
> Traîné par les cheveux à l'immortalité! » (49).

Toujours en remontant le fleuve, plus près de nous, dans la plaine, se déroule un immense fer (50) à cheval : d'un bout commençant là-haut, au fond de l'étroit ravin produit par l'écartement abrupt de deux roches coquillières (51), il cotoie en descendant un autre infect où Mélusine évite la lumière, enfouie sous ses replis vipérens (52); puis il descend en s'élargissant lentement vers la plaine, imbibée d'un filet d'eau puante, larmes de la sorcière (53); il ne peut sortir de cette gorge bourbeuse sans rencontrer, nuit et jour sur son passage, des monstres titaniques, l'œil de feu, la gueule en feu, le ventre plein de créatures vivantes, accourant plus rapides que la foudre on ne sait d'où, pour s'engouffrer sous terre (54), en vomissant des flammes avec des rugissements semblables au rugissement du lion caressant sa femelle. Il descend encore et s'évase, prend le contour et remonte, pour rencontrer encore sur son chemin les mêmes monstres ou d'autres semblables, paraissant sortir de l'enfer, (55) l'œil de feu, la gueule en feu, le ventre plein de

créatures vivantes, fuyant plus rapides que la foudre, le diable
sait où! Puis il remonte toujours en s'élargissant sans cesse,
bientôt il se bifurque : la partie intérieure s'engage dans une
fertile vallée arcadienne (56), célèbre par ses jeux olympiens,
où des héros enfermés dans des sacs se disputent le prix de
vitesse montés sur des coursiers gris-souris, au dos parcouru
par une raie noire ; l'autre, plus extérieure, circuit une colline
et remonte, remonte encore, jusqu'à ce qu'enfin elle se resserre
et finisse au centre d'un étroit ravin formé par l'écartement de
deux roches coquillières (57). C'est là, qu'au pied de l'une d'elles
surmontée des ruines d'un château sanglant (58), le *Bandiat* et la
Tardouère (59) fatigués, épuisés par leur long pèlerinage, après
s'être dérobés sous terre pour se reposer dans une couche commune, reparaissent limpides en une même source, rajeunis dans
un même amour (60). Réveil charmant qui semblait promettre
des jours brillants et fleuris à travers les champs, la prairie, la
verdure! Mais ils ont entendu des cris lamentables, ils ont vu
en passant sous la montagne des monstres d'enfer, tourmentant
nuit et jour, sans relâche, l'âme damnée de l'assassin! La
vision les poursuit, ils fuient pour s'y soustraire, entraînés par
la terreur folle, et se précipitent tête baissée dans l'antre bruyant
de Vulcain (61), où des légions de Cyclopes creusent nuit et
jour dans le fer, dans l'airain, l'engin meurtrier qui disper-
sera broyés et sanglants, aux quatre vents du monde, les membres, la tête et la chair des humains! Telles deux vieilles
chenilles, après avoir séjourné pendant les nuits d'hiver dans
un coin obscur d'une cave humide, reparaissent aux premiers
beaux jours par le soupirail, réunies dans un brûlant amour
d'une matinée de printemps. Existence brillante et courte!
Trop courte, hélas! que le matin qui la vit commencer verra
finir dans le gosier d'une fauvette qui s'envole en chantant!
La peinture aux entrailles de la mélodie; un art qui en inspire
un autre!

A l'extrémité du promontoire qui s'avance au centre de la
courbure du fer à cheval, s'élève une cité *romaine* (62), romaine

des romains de la décadence; elle a vu naître un Gaulois : l'auteur goailleur d'*Inglish Spoken* (63). Blanche et vaine comme un vain fantôme, elle tient sa tête dans les nues; sans cesse occupée de sa toilette, elle était assise sans s'en douter sur Saint-Cybard dormant depuis des siècles dans les fraîches grottes de son socle de roches coquillières et où l'on vient de le réveiller (64).

C'est au loin dans la plaine, à droite, à gauche, au pied, sous les yeux de cette superbe acropole que se livreront les combats les plus sanglants et les plus décisifs; c'est là le quartier-général des lieutenants du génie des ténèbres (65). Lui-même y vient les encourager, mais c'est en vain qu'Argant fait prouesses! Nous avons des intelligences dans la place! *Saint-Martin* (66) et *Saint-Roch* (67) se prononcent pour nous; il tombera comme les feuilles éphémères de ces signes cabalistiques dont il enchante ses murailles, croyant les rendre inattaquables (68)! Mais ce n'est pas assez d'avoir délivré la Palestine des infidèles, il faut les poursuivre jusque dans leurs royaumes, leur présenter la bataille au sein de leurs repaires et en exterminer la race aux pieds, sous les yeux de leurs métropoles consternées.

A toi, d'abord, cité lointaine placée sous la grande Ourse (69), succursale ventrue du grand Pandémonion! On dit que le dieu des ténèbres y tient ses grandes assises provinciales, faisant tours de force et prouesses sur ton sol plantureux. A toi qui, mesurant la beauté au volume, ayant *Mammouth* pour idéal, inventas la plus énorme et la plus détestable des poires (70), que tu appelles *belle,* sans doute parce qu'elle est monstrueuse! pourquoi pas bonne aussi, puisque Satan lui-même ne pourrait en manger qu'il ne l'eût fait bouillir d'abord dans sa chaudière avec tout le sucre des colonies! Tu ne fais que des monstres et tu en peuplerais l'univers par tes lieutenants; mais la phalange sacrée te tient à l'œil, et si elle peut avoir accompli ses dix premiers travaux, ton tour viendra, et ton sol n'aura pas assez de terre pour couvrir les cadavres de tes

monstres; et tu seras réduite à en faire des fagots pour chauffer
le four où se cuira le pain destiné à la nourriture de l'armée
de la foi.

A toi enfin, Babylone des Babylones (71), où Satan lui-même
tient ses assises en personne, au milieu de ses plus illustres
lieutenants! dans la plaine, hors de la plaine, partout d'innombrables armées d'infidèles! Mais qu'imp. rte, que foulant aux
pieds les *vertus* (72) il unisse par la main *Saint-Germain* à
Saint-Maure par dessus la *Cité;* qu'il entasse *Montrouge* sur
Montmartre et *Montreuil* par dessus avec ses pêches noires (73),
ténèbres sur ténèbres! Les ténèbres tomberont à l'aspect de
l'oriflamme sacrée, comme le givre tombe aux premiers rayons
du soleil levant. Ce sera ta plus sanglante et dernière bataille,
ô phalange immortelle, et ta plus mémorable et ta dernière
victoire; car aussi le monde finit là!..... Qui pourra chanter
ces effroyables chutes des vaincus et redire les hymnes d'allégresse de la phalange lumineuse? Ta lyre n'y suffirait pas, ô
vieil aveugle d'Albion!

Ce sera le sujet du Ve CHANT de notre épopée, si Dieu
nous accorde la triple faveur de prolonger nos jours, de nous
conserver l'amour de l'arboriculture et de nous guérir d'un poil
que nous avons dans la main.

NOTES

(1) Si l'on eut pris connaissance de la Méthode, on se fut épargné la répugnance que doivent éprouver tout esprit juste et tout caractère franc à exprimer un jugement dont les conclusions ne sont pas suffisamment justifiées. On n'eut point dit que : « *pour décider de la valeur de cette méthode, il faudrait l'expérimenter.* » — De deux choses l'une : ou elle n'est pas logiquement fondée, logiquement vraie, et alors elle n'est pas vraie du tout, et il n'y a pas lieu d'attendre pour elle, de l'autorité de l'expérimentation, un brevet de certitude dont elle n'est pas susceptible; ou bien: elle est logiquement vraie, c'est-à-dire absolument vraie, et alors, en l'absence même de tous résultats, il ne serait pas permis de dire : « *qu'elle a besoin d'être expérimentée pour décider de sa valeur,* » parce que ce qui est logiquement vrai ne peut ni augmenter ni diminuer de certitude: la vérité logique étant la vérité absolue, la vérité par excellence, tandis que la prétendue vérité expérimentale n'est qu'une vérité éventuelle, conditionnelle, circonstancielle, une vérité contingente qui, en convergence et en conjonction avec la première, ne peut lui apporter le moindre renfort de certitude, duquel elle n'a que faire ; et en divergence et en opposition avec elle, ne vaut, étant dominée par elle de toute la supériorité de l'absolu sur le contingent. Et en supposant l'impossible, que contre une vérité logique, un fait expérimental paraisse s'inscrire en faux pour la contredire, c'est le fait qui a tort, qui se trompe et qui trompe, parce que ce qui est vrai d'une manière

absolue ne peut pas cesser de l'être, ne peut pas n'être pas vrai partiellement, momentanément, pratiquement. Admettre que ce qui est absolument vrai en théorie, peut cesser de l'être en pratique, c'est d'un matérialisme abject, c'est plus qu'une erreur, c'est un non-sens, une dérision folle, c'est un blasphème!... Le fait contre la logique, c'est la violence contre le droit, et violence n'est pas droit; c'est l'intrus dictant momentanément des lois chez moi; c'est Frontin dans les habits de son maître!... Concevoir le fait accompli ayant droit contre le droit absolu, c'est concevoir une impossibilité, une chose qui ne peut être conçue, c'est, comme l'a écrit une des plumes les plus énergiques du siècle, « une monstruosité accessible peut-être à l'intellect à rebours des anges déchus, » mais contre laquelle l'âme divine se révolte et se révoltera jusqu'à la consommation des temps.

Quoi!... Quand sachant ce que tout le monde sait, comme moi, 1° que les parties inférieures des branches d'un arbre ont d'autant plus la malechance de se dégarnir de leurs coursons fructifères que la sève a une tendance plus grande à se porter aux extrémités desdites branches, et d'autre part, que cette tendance de la sève est d'autant plus prononcée que celles-ci ont une conformation plus rectiligne et une direction plus verticale; 2° que plus est grand le nombre des branches qui entrent dans la charpente d'un arbre, plus l'équilibre est difficile à maintenir entr'elles, et que cette difficulté augmente d'autant qu'elles sont échelonnées en étages le long de la tige et à des distances plus considérables; 3° que si une même face d'une branche est toujours en dessus et l'autre toujours en dessous, les coursons fructifères de la seconde dépérissent et s'éteignent, tandis que ceux de l'autre prennent souvent une vigueur fâcheuse et passent à l'état de gourmands; 4° que dans les plantations faites avec des arbres élevés sous des formes dont les branches ont la liberté de s'accroître en tous sens, ou du moins transversalement, ceux-ci finissent par se gêner en s'enchevêtrant les uns dans les autres, à moins de les planter à une grande distance, ce qui est de l'espace perdu pendant longtemps; 5° Que les arbres élevés en plein air, sous des formes dont les branches sont libres et flottantes sont exposés à perdre et perdent souvent leur récolte par les coups de vents; quand sachant tout cela, et connaissant tous ces inconvénients que tout le monde connaît aussi bien que moi, je formule, pour y remédier, *ces fameuses conclusions* si difficiles à découvrir, mais qu'il fallait trouver pourtant :

1° « Qu'il ne faut pas laisser prendre aux branches des conformations rectilignes et des directions verticales, mais leur faire suivre des lignes *brisées* ou *ondulées*. »

2° « Qu'il ne faut faire entrer dans la construction de la charpente d'un arbre que *le plus petit nombre* de branches possible, et qu'au lieu d'être étagées le long de la tige, elles doivent toutes partir, autant que possible, *d'un même point et d'un même niveau de la tige.* »

3° « Qu'au lieu de donner aux branches des directions qui laissent la même face toujours en dessous, il faut leur faire suivre des *ondulations et des brisures* régulières qui, ramenant alternativement la face du dessous en dessus et vice-versa, *maintiendront* l'équilibre entre leurs bourgeons fruitiers. »

4° « Qu'au lieu de donner aux arbres des formes dont les branches puissent s'accroître en tous sens ou latéralement, il faut les élever sous des formes telles que l'espace qu'elles occuperont en largeur *soit fixé d'avance et reste toujours le même.* »

5° « Qu'au lieu de faire des arbres avec des branches libres et flottantes, il faut leur donner des formes telles que leurs branches venant à *se croiser entr'elles* et à se rencontrer souvent, se prêtent un appui mutuel et *assurent la solidité de l'édifice.* »

Quand j'avance ces vérités si *imprévues*, qui sont presque de la force de celles de M. de Lapalisse, on me dit que c'est à *expérimenter!*..... J'avoue que cela dépasse et confond mon intelligence!.... Hé bien!. moi, je dis : Quand j'ai eu découvert ces vérités *logiques,* pas un seul instant il ne m'est venu à l'idée qu'il fallût les vérifier; je me suis tout simplement occupé de les mettre en pratique, comme si l'expérience en avait été faite depuis mille ans, ne doutant pas plus du résultat, que je ne puis douter logiquement de la fin de mon existence, sachant que j'ai eu un commencement!

S'il est constant que A et B se meuvent d'un mouvement uniforme du point P au point X, A avec une vélocité comme 1, et B avec une vélocité comme 2, Thomas peut les suivre et aller se poster au point X, pour s'assurer que B arrivera le premier, et A le dernier dans un temps double ; pour moi la vérité était logique, la certitude absolue, le fait expérimental ne lui ajoutera aucune valeur. Bien plus, Thomas viendrait-il m'annoncer que le résultat *dû* n'a pas eu lieu, que je ne pourrais pas en conclure qu'il *ne devait pas être;* j'affirmerai que Thomas s'est trompé, ou que quelque contingence est advenue, dont il ne s'est pas rendu compte.

Ainsi le veut la logique qui ne peut reculer devant les faits, ne pouvant faillir!.. Que si par contre : ne sachant rien de A et B, je veux opérer d'après les faits bruts, les faits tous seuls, et posté au point X ou tout autre, je vois B arriver toujours avant A, que sais-je, rien, sinon que A arrive après B. — Mais pourquoi et comment, ni si cela doit toujours être, je ne le puis savoir: ce sont des faits, des successions de faits, voilà tout, qui peuvent changer, cesser, s'intervertir, sans que je le puisse prévoir. Et de même que les majorités ne peuvent consacrer qu'un droit temporaire et relatif, et non absolu et éternel, de même les faits ne peuvent établir que des vérités contingentes, mais non absolues et invariables. Voilà pourquoi M. Mathieu de la Drôme, dont on a tant ri sans raison et sans dignité (car il n'y a rien de pitoyable comme ce lousticisme qui, incapable d'apporter le moindre grain de sable à l'édifice du bien, se complait dans un avoir négatif, en essayant de ridiculiser les chercheurs du mieux): voilà pourquoi, disons-nous, M. Mathieu de la Drôme n'est encore arrivé qu'à des résultats très éventuels et versatiles, parce que sa doctrine ne s'est appuyée jusqu'à présent que sur une série de faits d'observation éminemment circonstan-ciels qui, seraient-ils un *million concordants* contre *un seul discor-dant*, ne pourraient constituer qu'une certitude relative et non absolue.

Est-ce à dire qu'il ne faille ni expérimenter ni s'appuyer des faits acquis de l'observation? Évidemment non: la vérité peut être atteinte par plusieurs voies, mais quand la logique l'a une fois reconnue et signalée, elle est définitivement *conquise*. Il ne reste plus qu'à la mettre en pratique, et il est inutile, et c'est temps perdu, que d'envoyer l'expérimentation à ses trousses pousser une nouvelle reconnaissance : de même qu'un cas de bonne prise étant signalé à la gare extrême de la voie ferrée, il serait absurde d'abandonner le train express et de prendre la patache pour arriver plus tôt. — Mais les sens cependant, dira-t-on! C'est par eux que nous viennent les connaissances! — Tant que vous voudrez, mais je soutiens que la raison est la véritable maîtresse du logis, et que les sens ne sont que ses très humbles valets, qui lui apportent les matériaux, dans les proportions de leur aptitude et de leur probité, et qui souvent s'entendent comme cinq larrons en foire pour la tromper. Je ne répéterai point, après tant d'autres, que les sens sont les portes cochères de l'erreur; mais quelle créance voulez-vous que je leur accorde sur parole, lorsque tel d'entr'eux, après avoir *exalté* auprès de mon voisin la noblesse de l'arôme et la probité du bouquet de tel vin (dit de haute naissance), vient confesser à mon palais qui hait le mensonge, que le susdit vin est sans grandeur et n'a point craint de rougir d'une mésalliance honteuse; ou bien qu'après s'être *extasié*, pendant trois repas durant, sur l'excellente chère que lui fait faire un mets dont il n'avait pas goûté depuis longtemps, vient faire la grimace et tortiller le nez au quatrième repas.

Lorsque tel autre *s'enivre* aux parfums suaves qu'on respire dans le boudoir de Mme ***, *ou recule* et tombe à la renverse, asphyxié par un méphitisme strangulant, en mettant le pied dans une salle de dissections anatomiques et puis, sans y songer, tout-à-coup, déclare qu'il *ne sent plus* les parfums de celui-là ni la puanteur de celle-ci, c'est-à-dire qu'il nie la puissance odorante, en proportion de la plus grande accumulation de molécules odoriférantes.

Lorsqu'un troisième, en secouant les doigts et en faisant la grimace, comme un diable qu'une goutte d'eau bénite aurait touché, s'écrie que cette masse *le brûle*, quand je sais que c'est un fragment de mercure congelé à 70 degrés au-dessous de zéro ; ou qu'après s'être d'abord *pâmé* sous l'influence de tel *chatouillement*, il vient affirmer qu'il ne le *ressent* plus, ou bien qu'il l'*irrite*.

Lorsqu'un quatrième *jubile et crie bravo, bravo*, à des certains sons qui *donnent la chair de poule* et arrachent des cris de douleur à Rossini ; ou bien vient affirmer qu'il a *entendu* une voix d'homme cette nuit dans la chambre de madame la comtesse, quand je *sais* que monsieur le comte est absent.

Lorsqu'enfin le premier, le plus royal d'entr'eux, vient me *soutenir* que le soleil tourne autour de la terre, quand je *sais* positivement que c'est la terre qui tourne autour du soleil ; et lorsque, soutenant la plus grossière erreur avec la plus impudente des impostures, hier encore, *il faisait donner le fouet à la raison* en pleine place publique dans la personne de Galilée, et demain *fera tomber la tête innocente* du malheureux Lesurques ! . . . .

. . . .

. . . .

C'était un soir, le 28 août 186..., le soleil venait de disparaître à l'horizon, laissant après lui une immense traînée d'un rouge brun occupant presque tout l'ouest du nord au sud, et mesurant en hauteur vers le zénit, un arc de 65 degrés au moins ; la teinte de cette imposante zone, généralement décroissante d'intensité du centre vers les extrémités, se confondait insensiblement avec la coloration gris bleuâtre du reste du ciel. L'atmosphère, chauffée toute la journée à une chaleur de 28 degrés, était fortement électrique et conservait encore de cette température élevée des restes plus que tièdes. Toute la population, en habit de fête, était sur pied, se portant affairée de plaisirs vers les divers points des divertissements de la soirée, principalement au *jardin vert,* où était préparé un riche feu d'artifice auquel le ciel se proposait de prendre une large part : car l'on apercevait de temps en temps dans la zone embrasée, vers le sud, de très petits éclairs scintiller et disparaître comme des étoiles de septième grandeur. La foule encombrait les rues, j'étais seul ! Pour éviter d'être culbuté par ceux qui venaient en sens contraire de moi, ou qui allant dans le même sens marchaient plus vite que moi, j'étais obligé de tenir les trottoirs et de raser les maisons.

Il vint un moment où je fus tout-à-fait arrêté sans pouvoir avancer ni reculer, la face tournée contre un vitrage brillamment éclairé par des becs de gaz placés à l'intérieur, et dont la puissance était multipliée par des tains réflecteurs qui projetaient en avant la lumière condensée. Mes regards, en se promenant sans attention définie et sans s'arrêter sur les divers objets étalés à cette devanture inondée de cette lumière éblouissante, tombèrent, tout-à-coup, sur un espace beaucoup moins éclairé ; et en même temps, apparut en ce point un groupe confus de personnages richement costumés, mais autrement que ceux qui circulaient dans la rue ; bientôt et peu à peu, mais assez rapidement toutefois, l'espace vague que j'avais devant les yeux s'éclaira de plus en plus ; chaque objet recevant plus de lumière se précisa davantage, se détacha du fond, et la pièce où ils étaient prit l'aspect d'une vaste salle richement ornée et splendidement éclairée par un immense lustre à bougies diaphanes et colorées, suspendu par de volumineuses attaches d'étoffes précie uses or et soie, au centre de la rosace d'un plafond tout quadrillé de caissons dorés. Je distinguais à l'un des bouts , à droite, une immense cheminée en marbre onyx, dont le dessus, supporté par des jambages sculptés en caryatides, était garni, sans profusion, de porcelaines de Chine, contenant des fleurs rares qui miraient leurs brillantes corolles dans le tain pur et profond d'une gigantes que glace bizeautée qui occupait tout le trumeau et jusqu'à la corniche du plafond, entre deux riches candélabres, dont les bougies parfumées inondaient tous les objets d'une lumière étincelante. Tout autour de l'appartement étaient sur des sophas soie et or, genre régence, des hommes et des femmes, tous élégamment parés, portant la joie et la satisfaction sur leur physionomie animée et rieuse. A l'autre bout, à gauche, dans l'âtre d'une cheminée, en tout semblable à la première et qui en faisait le pendant, deux charmantes levrettes de grande race, en argent massif ruolzé d'or, à demi couchées ou plutôt assises, faisaient face à l'assemblée dont elles avaient l'air de suivre les mouvements et la conversation avec l'air d'intelligence qu'on leur connaît ; sur le prolongement horizontal de leur arrière-train et sur leurs queues pétillait un ardent feu de braises, dont la présence me semblait bien un peu étrange et la raison d'être peu justifiable dans cette saison et en pareil moment, mais dont l'assemblée néanmoins ne paraissait nullement incommodée. Le groupe de personnages, confus d'abord, que j'avais aperçu le premier, complètement détaché du fond, semblait s'être avancé vers le milieu de la salle : parfaitement distinct maintenant, il m'apparaissait individualisé en une série de groupes, composés de deux personnes chacun, un homme et une femme en costume de bal ; et à ce moment même, où une musique suave, qui préludait depuis quelques instants, éclata en une mélodie entraînante, tous ces groupes s'élancèrent à la fois, se balançant onduleusement dans une mazurka languissante, les femmes voluptueusement enlacées dans les bras vigoureux de leurs danseurs, qui, le corps incliné en avant, les genoux légèrement fléchis, et glissant sur la pointe du pied tendu, les emportaient effleurant à peine le sol, appendues à leur épaule droite. Bien que le fardeau parût léger, les muscles de ceux-ci, fortement accusés par l'effort de la position, laissaient voir sous leurs culottes courtes et leurs bas de soie blancs leur jeu énergique et continu. J'entendais parfaitement le flou-flou des robes de soie des danseuses et le gresillement des souliers de satin glissant sur la glace du parquet ; je saisissais distinctement le va et vient précipité de leurs seins agités et halitueux sous les pierreries et les diamants ; le sourire de leurs bouches s'entrouvrant pour laisser voir leurs belles dents régulières et d'un blanc mat ; les regards de feu des cavaliers ; et l'on devinait au mouvement des lèvres les banalités que se débitent en pareille occasion, les riens amoureux qui se murmurent à demi, et toutes ces paroles à voix basse m'arrivaient comme un murmure continu et confus, qui bruisse, bruisse aux oreilles sans qu'on puisse rien distinguer. C'était bien à un bal que j'assistais. Par de là le groupe des danseurs, par de là la salle de bal, dans une autre salle qui n'en paraissait séparée que par un parpaing en glaces sans tain, j'apercevais d'autres nombreux groupes également richement costumés, mais autrement que ceux de la salle du bal, allant et revenant, se croisant en tous sens. Tout-à-coup le flot de la foule de la rue devint plus compacte ou plus agité ; je fus bousculé violemment contre les vitraux ; les mains portées instinctivement en avant, rencontrèrent les chassis qui cédèrent à la pression : c'était la porte qui, non arrêtée par derrière, avait tourné sur ses gonds ; et je me trouvai porté, tout d'un saut, presque au milieu d'un petit appartement éclairé soulement par une lumière diffuse, s'échappant de la périphérie de trois réflecteurs détournés, qui en cachaient les foyers et en renvoyaient la presque totalité du côté de la rue.

Après m'être remis de la surprise et de la commotion, un rapide inventaire du regard me fit voir, tout autour des murs, un grand nombre de casiers garnis de cartons étiquetés; quelques livres, des papiers et divers objets de bureau, déposés sur une table ronde placée au milieu de la pièce, et à l'une des extrémités, dans un pénombre, une personne d'un certain âge, la figure pâle et maigre encadrée de longues anglaises blondes, plates et tombantes, le nez aquilin fortement bossu et un peu rouge sur le milieu, assise devant un meuble ressemblant à une table pupitre, sur lequel elle avait les deux mains appuyées, et dont elle se détourna un peu, sans se lever, pour me demander d'une voix aigre : Que désirez-vous? *papa et ma tante* sont sortis et je ne m'occupe pas de la vente. J'étais tout simplement dans un petit magasin de fournitures de bureau! La splendide salle de bal, les beaux danseurs et les belles danseuses, c'était dans le champ d'un de ces petits instruments d'optique appelés stéréoscopes, si communs aux étalages des marchands de gravures, que je les avais vus; le gresillement des souliers que j'avais entendu, c'était celui produit par les pieds des promeneurs sur le sable de la rue; le bruissement des conversations à voix basse, c'étaient leurs chuchotements; le flou-flou des robes de soie, c'était celui des dames qui faisaient partie de ces promeneurs; les groupes autrement habillés que les personnes du bal et que j'avais vu au-delà de la salle de bal, c'étaient ces promeneurs eux-mêmes, dont l'image se reflétait dans le verre de l'instrument; la mélodie suave qui m'avait jeté dans l'enivrement, c'était le bruit que faisait la vieille fille en tapotant sur son piano!....

Telles sont les apparences bizarres et étranges sous lesquelles les sens montrent parfois à notre raison les choses les plus réelles, et tels sont les jolis contes bleus qu'ils feraient à leur maîtresse, si elle voulait les écouter.

(2) La partie de la Haute-Vienne, qui confine d'une part à la limite *Est* du département de la Charente, en passant par le canton de Saint-Mathieu, jusqu'à l'arrondissement de Châlus. Tout le pays est extrêmement stérile, du moins sur les nombreux sommets qui le couronnent: impropre à la culture du froment, il n'est

couvert presque partout que de fougères, de bruyères et d'ajoncs;
le châtaigner lui-même, si peu difficile, y reste rabougri. La population y est de la plus grossière superstition, généralement misérable et fainéante; sa principale, je dirai presque son unique
nourriture, consiste en châtaignes et en galettes de sarrasin.

(3) Richard Cœur-de-Lion fut tué à Laroche-à-l'Abeille, sous les
murs de Châlus.

(4) La Vienne, rivière.

(5) Le saumon remonte jusqu'au-delà de Chabanais, franchissant
avec une rapidité incroyable les nombreux barrages de la rivière,
et s'engage jusque dans les petits ruisseaux affluents.

(6) La petite ville de Chabanais; bien que nous n'ignorions point
que des biographes donnent pour patrie au célèbre Laquintinie
Poitiers, Saint-Point et d'autres lieux, n'étant pas en mesure de
vérifier le fait, nous avons cru pouvoir attribuer à notre petite
voisine la gloire de lui avoir donné le jour, d'autant plus que
quelques descendants de cette famille y existent encore, et que
du reste, c'est une opinion généralement reçue ici… Au surplus,
soixante villes de la Grèce se sont disputé l'honneur d'avoir produit Homère.

(7) Confolens, chef-lieu d'arrondissement, ville ancienne, le
paraissant encore plus peut-être qu'elle ne l'est, à cause de l'aspect
triste de ses maisons qui sont en bois pour la plupart. Bâtie sur
les deux rives de la Vienne, elle est dominée et surplombée
de chaque côté par les collines qui forment l'encaissement de la
rivière. De la colline de la rive droite, avec une pente de 70 à
80 centimètres, descend sur le quartier de la ville qui y est adossé

un petit torrent *(le Goire)*, dont les débordements lui ont été quelquefois funestes : le dernier qui a atteint ces proportions fâcheuses remonte à 1806.

Nous nous étions amusé à chercher par la méthode de M. Mathieu de la Drôme à prédire l'époque où le sinistre devrait se reproduire; nous avons égaré la note où étaient consignés les résultats de notre travail, mais nos souvenirs, sans pouvoir préciser tout à fait, nous fournissent une date comprise entre 1867 et 1870; cependant, que les habitants ne se hâtent point de prendre alarme, ni de déménager parce qu'en supposant que notre mémoire soit fidèle, la méthode de M. Mathieu de la Drôme n'est peut-être pas infaillible; et tout cela étant, il pourrait encore se faire que nous nous fussions trompé d'un ou de deux petits zéros. Les habitants ont la réputation (à tort je pense) d'être indifférents au mouvement de transformation des intérieurs domestiques, qui s'est si grandement généralisé de la capitale à la province, et de celle-ci au hameau.

(8) La plupart des fortunes de la ville de Confolens, et elles sont nombreuses, ont été amassées de génération en génération, sous la robe, au palais, dans le barreau, et j'ai entendu répéter bien des fois par quelques-uns de ses membres en *humour* :
« Des sottises d'autrui, nous vivons au palais. »

(9) Séchères, petit établissement métallurgique non loin de Saint-Mathieu, sur le versant méridional, autrefois propriété et résidence de feu M. Rivaud, médecin, arboriculteur passionné et grand cœur. Le souvenir de notre amitié pour lui nous a un peu poussé à l'exagération, en nous le faisant désigner comme un précurseur de la méthode nouvelle, car, en réalité, il n'a rien écrit, et n'a fait que pratiquer avec beaucoup de distinction, il est vrai, d'après les méthodes connues.

(10) M. Elie Berthet, de Limoges, notre ancien condisciple, qui a écrit de nombreux et intéressants romans sur le Limousin, un entr'autres, dont la scène se passe dans l'arrondissement de Châlus, au château de Montbrun, dont il ne reste que les ruines.

— 135 —

(11) La communauté de Boubon.

(12) Le châtaigner.

(13) **Territoire du canton de Montembœuf** (*Mons Bellocacum*), partie extrème à l'Est du département de la Charente qu'elle fait confiner au pays montueux de la Haute-Vienne dont il a été parlé ci-dessus, et dont elle continue la pente inclinée au couchant; sol éminemment accidenté, d'une nature intermédiaire et comme trait d'union entre ces deux départements, mais participant beaucoup plus du premier, par sa nature géologique et ses produits, et lui appartenant entièrement par les mœurs et le langage de ses habitants; population horriblement processive, ivrognesse, encline à la paresse, à la rapine et à la fraude, superstitieuse et dévote (ne pas confondre dévotion avec piété). On y chôme (lisez on y boit), en outre des dimanches et des jours, lendemains et surlendemains de Pâques, de Noël, de la Pentecôte, de la Toussaint : les fêtes de la Purification, de l'Ascension, de la Trinité, de la Chandeleur, de la Saint-Jean, de la Visitation, de la Conception, de la Nativité, de l'Assomption, etc., etc. et les trois quarts de la Semaine sainte, sans compter la vénération que l'on porte, pour les mêmes raisons, à une soixantaine d'autres saints que je ne connais point.

Le sol, très accidenté, boisé et frais, est, dans les trois quarts de son étendue, d'une fertilité assez grande et presque toutes les productions de la France centrale peuvent y réussir à des degrés divers de prospérité. Il semblerait, *à priori*, qu'une telle aptitude du terroir à s'accommoder avec avantage de la plupart des productions utiles à l'homme, eut dû naturellement amener, comme conséquence, une aisance exceptionnelle dans la population; eh bien, il n'en est rien! L'ignorance l'avait livrée à la superstition, la superstition à son tour l'a maintenue jusqu'à ce jour confinée dans l'ignorance et la paresse; la paresse a amené la misère, la misère la mauvaise foi et l'avilissement du caractère, et aujourd'hui encore cette population quémendeuse, vile devant plus fort, sans pitié envers plus faible, ne reconnaît et n'ambitionne qu'un seul mérite : le succès (y compris les moyens qui le donnent, l'astuce et la force).

et n'a d'admiration que pour deux choses; la rouerie de l'homme de loi ou d'affaires qui lui fournit le moyen de tirer avantage d'une iniquité, et l'habit galonné quel qu'il soit, parceque dans son esprit il *parfume* de la force ou quintessence des moyens de prépondérance. Nous avons dit qu'elle est encline à la superstition; à proprement parler, les pratiques superstitieuses interviennent et jouent un rôle dans tous les actes de sa vie, et il en est de telles, dont la cohésion avec l'absurde est si intime, que si nous nous hasardions à les raconter, il est peu de personnes étrangères au pays qui pussent s'empêcher de croire que nous n'inventons à plaisir; aussi n'en citerons-nous que quelques-unes qui, ayant trait à la curation des maladies, sont tombées plus particulièrement dans le champ de notre observation, et dont l'usage est si général, si journalier, je dirai presque si universel ici, que l'on ne pourra nous accuser d'invention. Je veux parler du *pansage* et du *virement des devoirs*.

Le *pansage* ou mieux peut-être le *pensage,* car il ne s'agit nullement ici d'une opération chirurgicale quelconque, consiste dans l'action par laquelle un individu, suffisamment doué pour cela, est supposé par la seule influence de sa volonté aidée de certaines passes et imprécations, exercer un effet curatif certain pour une maladie quelconque. Comment le *penseur* ou la *penseuse* (car pour les maladies de l'homme, ce sacerdoce peut être exercé indistinctement par l'un ou l'autre sexe, tandis que pour celles des animaux c'est toujours un homme exclusivement), comment le penseur acquiert et révèle-t-il ses facultés mystérieuses de curation? De la manière la plus simple : le plus ordinairement c'est un pauvre diable de mendiant, ignorant et grossier, mais assez fûté cependant pour savoir combien il est facile d'en faire accroire à ceux qui souffrent, et de se rendre sympathiques ceux qui leur portent intérêt, en faisant naître des espérances de guérison, surtout lorsque cette sympathie ne doit se traduire que par le don d'un morceau de pain ou de quelques *goulées* de soupe. C'est un mendiant, disons-nous, qui, ayant bien vite reconnu à l'air de tristesse des personnes des maisons devant lesquelles il s'arrête pour mendier, s'il y a quelque malade, donne à entendre au milieu de ses sollicitations pour une aumône, « que si leur malade était pensé il serait bien vite soulagé; que ce ne serait point du reste le premier qu'il aurait guéri ainsi. » Il n'en faut pas davantage pour faire naître la foi la plus robuste en sa faculté de pensage. D'autres fois, c'est le premier venu qui, voulant paraître porter intérêt au malade, ou tout simplement pour se donner l'air d'en connaître plus que les autres, avance hardiment, « qu'un *tel* (le premier nom qui lui passe par la tête, mais toujours un nom de personne éloignée), est doué au plus haut degré de la puissance du pensage ; » et aussitôt, voici ce *tel* qui, sans s'en douter le moins du monde, se trouve, de même que Scagnarelle du *Médecin malgré lui,* passé maître en l'art de guérir. La faculté du pensage s'acquiert également par voie d'héritage, et dans toutes les lignes : ascendante, descendante et collatérale.

De laquelle que ce soit de ces manières que la faculté du pensage lui soit survenue, le penseur, introduit auprès du malade, l'examine avec gravité, fait certains gestes, passes et grimaces, au hasard, les premiers venus, presque jamais les mêmes, marmotte quelques prières (il n'est même pas nécessaire qu'il voie le malade, l'influence peut opérer à distance), et le soulagement doit s'en suivre le lendemain au matin ! Il est bien vrai que souvent, parmi les assistants (et il y en a toujours beaucoup chez les malades, surtout des femmes, pour peu qu'il soit connu dans le village qu'un étranger y est entré), il est bien vrai que souvent une voix se fait entendre disant : « que la maladie pourrait bien être *un mal de saint,* et que le pensage n'y peut pas faire grand'chose ; » — mais pour le moment, cette voix de Cassandre passe inaperçue, tout le monde étant à l'espérance des promesses faites au nom du pensage. Le lendemain, s'il n'y a pas de soulagement, et l'on conçoit que cela doit arriver quelquefois, la personne (c'est toujours une femme), dont la voix fâcheusement prophétique ne s'était fait entendre la veille que d'une manière timide et n'avait point été écoutée, n'hésite plus : « Je savais bien que c'étaient des bêtises, dit celle-ci d'un air de triomphe et de reproche en même temps, n'est-il pas évident que c'est *un mal de saint,* et que si l'on ne *vire pas les devoirs* jamais il ne guérira ! Et, ajoute-t-elle avec l'aplomb d'un sentiment de suprématie bien sentie, quand j'ai *viré les devoirs* d'un malade, jamais je n'ai manqué *le saint qu'il fallait !* » Nouvelle ancre de salut, nouvelle fiche de consolation pour le pauvre patient. On balaie le foyer, on carbonise une jeune branche d'un an d'un noisetier sauvage, on recueille dévotement trois charbons d'inégale grosseur, on les dépose avec toute la solennité voulue à la surface d'un seau d'eau puisée à la source désignée (toujours la plus éloignée possible). Celui des trois qui enfonce (et s'il n'enfonçait pas, il y a toujours moyen de l'influencer et de s'en faire obéir) indique par sa direction cardinale le lieu du *saint* qui tient la maladie sous son influence et qu'il s'agit de conjurer. Les principaux *saints* pour le canton de Montembœuf.

sont les saints de *Vitrac*, de *Massignac*, de *Mouzon*, (trois chefs-lieux de commune dudit canton). J'ai toujours entendu dire que celui de Vitrac était le plus méchant des trois; puis viennent les simples *saints* des lieux dits de *l'Etang rompu*, des *Terses*, des *Bonnes Fontaines de Cussac*, d'*Orgedeuil*, de *Mazières* (trois saints puissants, ceux-ci), etc., etc.

Le saint étant connu, c'est-à-dire le siége de la résidence seulement étant indiqué par la direction du charbon (car ces saints-là ne portent point les noms de ceux du calendrier), il s'agit d'aller le conjurer au moyen de messes et d'évangiles que l'on fait dire à l'église de sa paroisse: puis on rentre prendre sa pâtée assaisonnée d'une bouteille de vin suret, dont on force le malade à prendre sa bonne part, et tout est dit.

Lorsque le virement des devoirs ne produit pas sa salutaire influence (et cela arrive quelquefois), dame! c'est que le saint est trop en colère ou trop méchant, au dire de la vireuse; et selon d'autres, c'est que celle-ci n'est pas suffisamment initiée; mais il est rare qu'on en vienne à un second virement. C'est le moment de faire appeler le notaire, afin que le malade ne meure pas intestat, lorsqu'il possède quelque chose dont il puisse disposer. Puis vient le curé, pour qu'il puisse partir en état de grâces; et enfin arrive le tour du médecin, afin de n'avoir rien à se reprocher, et de pouvoir dire que « l'on a fait pour le pauvre cher malade tout ce qui était humainement possible, mais certainement qu'il n'y a rien à faire et que celui-là ne peut rien pour lui; » et bien entendu pourtant que s'il ne guérit pas, c'est qu'il n'entend rien à son état.

Le nombre est infini des autres superstitions qui ont trait aux maladies, mais elles sont moins générales et sont loin d'avoir l'efficacité *incontestable* et *incontestée* des deux que nous venons de raconter; il en est une autre, toutefois, qui marche de pair avec celles-ci pour la *certitude* de son action curative, mais elle est d'un emploi plus limité, son influence n'opérant que contre une seule maladie : je veux parler de la merveilleuse puissance du *Jean* pour conjurer le *mal de la mère*. La première fois que m'a été donnée la chance d'être initié à l'heureuse application de ce moyen souverain, c'était au début de ma pratique médicale; on était venu me chercher pour aller voir, *tout de suite*, un jeune homme nouvellement marié que je connaissais: cela *pressait extrémement*, avait-on ajouté, depuis huit jours il ne bougeait pas du lit! J'étais absent, je ne pus m'y rendre que le lendemain matin. En entrant dans la maison, j'aperçus auprès du feu, assise sur un escabeau, la pauvre jeune femme du malade ayant la tête appuyée dans les deux mains, qu'elle releva à mon arrivée pour me montrer sa figure désolée et ses yeux flétris par les larmes, le jeûne et les veilles. Au moment où je me dirigeais vers l'unique lit de la maison, dont les rideaux en droguet jaune, complètement fermés, m'indiquaient assez que le malade devait être là, je fus touché légèrement à l'épaule par une vieille femme que je ne reconnus pas pour être de la famille, et qui me dit timidement avec mystère : — Monsieur, attendez un peu, le *Jean* opère ! — Ne sachant ce qu'elle voulait dire et n'y attachant pas d'importance. je passai outre. En m'engageant dans l'étroite et obscure ruelle qui séparait le lit de la muraille, je me sentis heurté au niveau de la poitrine par quelque chose qui, partant du lit traversait toute la ruelle; c'étaient les deux jambes d'un homme tout habillé et chaussé de sabots : — Hé ! dis-je, croyant avoir affaire au malade, vous êtes donc couché en travers de votre lit tout habillé ? — *Ho ! nou, Mouçur... qué mè !,* » me répondit la voix des jambes. — Qui vous, fis-je, et que diable faites-vous là ? — *Mouçur,* me dit alors ce grand gas, en se soulevant un peu sur les mains et montrant une grande figure bête : « *ié coujuré lu maoü dé la maïré.* — Imbécile ! lui dis-je, et où est le malade ? — *Voué'ïqui dé;ou mé.* » — Et en effet, après avoir écarté la courtine, j'aperçus enfoncé sous la couverture la figure du pauvre malade, violâtre, inondée d'une sueur gluante et froide, les yeux vitrés, la bouche ouverte, les dents fuligineuses, les commissures des lèvres garnies d'une bave sanguinolente et écumeuse, allant et venant à chaque effort de la respiration qui était bruyante et stertoreuse. Je tâtai le pouls : précipité, filiforme et intermittent, extrémités froides; des crachats jus de pruneaux. qui souillaient tout, autour de lui, me disaient assez qu'il succombait au dernier degré d'une pneumonie aiguë, asphixié en outre par la pression du corps du grand gas couché sur lui, en travers de la poitrine, depuis la veille. Je me retirai sans rien ordonner et sans rien dire. Comme j'allais enfourcher mon cheval que j'avais laissé attaché par la bride à un prunier sur le bord du chemin. je fus retenu par la vieille qui me dit en branlant la tête avec l'air de conviction d'une opinion bien arrêtée : — Il n'y a plus d'espoir, n'est-ce pas ? — Eh ! Ne voyez-vous pas qu'il est à l'agonie, répondis-je ! — Sainte Vierge, je leur disais bien que c'était *le mal de la mère !* On s'est amusé à des *pansages* de rien du tout, à des *virements de devoirs,* des bêtises, quoi ! Et *il* est arrivé trop tard. — Qui cela, est arrivé trop tard ? demandais-je. — Eh ! lui. — Qui lui ? Ce grand imbécile qui était en travers du malade ? Tard ou tôt, que diable vouliez-vous qu'il fît ? Ne voyez-vous que c'est lui qui a fini de l'étouffer. — Oh.

Monsieur, c'est que c'est un *Jean* et un vrai, et qu'il ne les manque guère, Dieu merci, mais *il* est arrivé trop tard. — Jean ou Pierre, que diable cela peut-il faire? — Oh, Monsieur! Vous savez bien qu'il faut que ce soit un Jean, et celui-là en est un et un vrai; c'est mon fils, Monsieur, nous avons eu bien de la peine à l'avoir, il était dans le Limousin où il faisait des cercles. — Mais il me semble qu'il n'était pas bien difficile de trouver un Jean, ici, où les trois quarts des hommes portent ce nom. — Oh! vous savez bien qu'il faut que ce soit un Jean qui soit *moqué* par sa femme. — Ah! ah! Ce serait plutôt un *Joseph!* Mais quand même, un *Jean* dont la femme se moque, bien que cela complique un peu la difficulté, la chose ne me paraît pas introuvable, et peut-être suffirait-il de saisir le premier Jean marié qui tombe sous la main. — C'est bien vrai, mais vous savez qu'il faut qu'il n'ait pas connu son père. — C'est bien encore une difficulté de plus, mais malheureusement ceux qui perdent leur père en bas âge, avant de l'avoir connu, ne sont pas rares. — Je sais bien, mais ce n'est pas ça que je veux dire, il faut qu'il n'en ait pas. — Ah! Je comprends! et c'est votre fils? — A votre service, Monsieur, s'il en est capable. — Merci.

Il a été parlé ci-dessus de l'importance que ceux qui survivent attachent à ce que ceux qui les quittent ne meurent pas intestats. Voici un fait qui pourra en donner une idée, je n'en ai point été témoin; mais il m'a été raconté par une dame digne de toute créance. — Il y avait, me disait-elle, dans le village que j'habitais, une pauvre femme en mal d'enfant depuis plusieurs jours, et l'on s'accordait à dire qu'elle n'en échapperait pas. Toutes les autres femmes du voisinage étaient allées la voir; bien que je sois toujours très péniblement impressionnée au spectacle des douleurs des malades et que je ne pusse du reste être d'aucun secours à celle-ci, je ne crus pas pouvoir reculer devant le devoir de lui prodiguer au moins quelques consolations. Au moment où j'entrais dans la maison, qui était remplie des femmes du voisinage (vous savez que c'est la coutume en pareille circonstance), toutes se mirent à sangloter bien haut et à pousser des cris, comme si elles avaient voulu me prouver par là qu'elles prenaient un très grand intérêt au sort de la malade, ce dont je ne doutais pas, du reste; mais évidemment bien plus encore, parce qu'elles étaient entraînées sympathiquement à faire chorus avec d'autres cris qui partaient de derrière les rideaux du lit qu'elles entouraient, cris bien distincts des leurs, d'une autre nature, plus aigus, plus accentués, plus involontaires, plus *arrachés,* qui les dominaient complètement, qui se prolongèrent quelques secondes de plus et finirent comme eux presque tout-à-coup. Je ne m'y trompai point, c'était bien là un cas et une preuve de l'accomplissement de cette terrible menace qui *nous* fut faite au sortir de l'Eden ! Ces derniers cris que j'avais distingués par-dessus les sanglots des commères, c'étaient bien ceux de la pauvre patiente subissant sa part de la condamnation commune. Aussitôt qu'ils eurent cessé, une voix d'homme bien nourrie, mais non dure, fit entendre ces paroles : « *Voulé vou qu'andjé lu quiéré, qué l'hômé?* » (Voulez-vous que j'aille le chercher, cet homme). Je me retournai, c'était la voix du mari, assis sur la salière, au coin de la cheminée, que je n'avais pas aperçu en entrant. — Non, répondit aussitôt et également en patois la voix traînante et affaiblie, mais non mourante de la malade, non, laissez-moi mourir tranquille. — Ils ne se tutoyaient point (parmi nos paysans ici, la familiarité du *tu* n'est pas de mise, et l'on s'y porte le respect du *vous,* de même que chez les gentilshommes; mais il paraîtrait que chez ces derniers, le *vous* ayant encore l'air de sentir un peu trop son intimité, on s'est rejeté sur le *il* et l'on se parle à la troisième personne, comme on ferait de quelqu'un qui serait absent).

Je m'étais rapprochée de la malade et j'allais lui prodiguer quelques consolations, lorsque, par suite de cette loi de périodicité bien connue dans le retour des souffrances de ce genre, je l'entendis tout-à-coup pousser quelques gémissements, faibles d'abord, puis rapidement croissants, et au même moment je vis ses yeux refléter un sentiment d'inquiétude douloureuse, son visage se colorer, se gonfler, ses mâchoires se resserrer avec des craquements de dents, tous ses traits s'altérer avec l'expression de l'angoisse la plus déchirante; et en même temps que ses gémissements, allant toujours *crescendo,* atteignaient bien vite un diapason imposssible et se changeaient en cris aigus, forcenés, désespérés, à donner la chair de poule à plus d'une d'entre nous, les mains cramponnées de chaque côté du lit, les pieds arcboutés au fonds et la tête au chevet, tout son corps se contractait dans un suprême effort, comme s'il allait éclater. Bientôt les cris diminuèrent et s'éteignirent de nouveau presque tout d'un coup, comme la première fois. Aussitôt la voix de la *salière* reprit de nouveau, mais sur un ton plus pressant que la première fois : « *Voulé vou qué.....* » — Non, répondit de nouveau la malade avec sa voix un peu plus affaiblie, mais non encore moribonde, non, laissez-moi mourir en repos. — Je me rapprochai d'elle, je lui pris la main : Pourquoi donc, ma bonne femme, lui dis-je, ne voulez-vous pas qu'il aille *le* chercher? Vous avez bien tort, laissez-le donc faire, *il y en a* qui sont très habiles, bien prudents, et même très humains, et *il* pourrait peut-être vous être d'un grand secours et vous épargner bien des souffrances. — Oh! ma bonne dame, répondit-elle, avec un mouvement de tête où il y avait toute une révélation douloureuse, vous croyez peut-être que c'est du médecin qu'il veut parler? — Eh, sans doute, de qui donc? — Ah! c'est que ce n'est pas du médecin, voyez-vous! C'est pour aller chercher le notaire qu'il me tourmente depuis deux jours!... — La voix de la salière reprit aussitôt d'un ton un peu rude : « Que voulez-vous qu'il vous fasse le *surigin?* Puisque je vous ai fait *panser* et *virer vos devoirs,* et que ça n'y a rien fait? C'est qu'il n'y a rien à faire. D'ailleurs, les *surigins,* ça ne sert qu'à coûter et pas autre chose, témoin ma pauvre défunte mère qui avait eu dix petits, et à preuve que suis le dixième; que toujours on avait été obligé de la *pêcher,* comme elle me l'a dit bien souvent, que même à chaque fois le *surigin* avait *manqué* de la tuer, à preuve qu'elle est morte à quatre-vingt-sept ans, et puis qu'il voulait dix francs par *couches :* ce qui aurait fait cent francs qu'il aurait tiré de la maison en vingt ans, si mon défunt père avait voulu le croire, mais il ne fut pas si sot; il s'en fut trouver notre ancien maire (un brave homme, celui-là, et fin!) pour lui demander comment il avait fait pour se tirer du *surigin,* sans rien payer pour tous les soins que celui-ci avait donné à lui et à sa famille pendant cinq ans. Il lui enseigna de se laisser actionner et d'invoquer la prescription, ce qui veut dire de ne rien donner et qu'on en est quitte moyennant un petit serment de *rien du tout.* Nous prîmes un avocat qui nous coûta quinze francs, mais je ne les regrette pas; il en a dit, il en a dit, à ce pauvre *surigin,* pour avoir osé venir réclamer à des pauvres diables comme nous de l'argent pour des soins qui étaient dus depuis plus de vingt ans. Dame aussi, dix francs par couches, c'est le double de ce qu'a un huissier pour une cédule, autant qu'un notaire pour une quittance, presque autant qu'un procureur pour présenter une requête au tribunal de Confolens! Ne me parlez pas des *surigins!* Au moins le notaire, si ça coûte....» — Les douleurs de la patiente avaient recommencé et les cris devenaient de plus en plus aigus; lorsqu'ils se furent appaisés de nouveau sans succès, je me retirai, non sans avoir laissé entendre des paroles de reproche à ce misérable.

— Si votre histoire, dis-je à la dame, est un portrait général de la physionomie morale de la population, je ne puis m'empêcher de reconnaître qu'il est ressemblant, mais je crains que l'on n'en infère qu'il prouve seulement le peu d'élévation des sentiments de la classe inférieure. — Eh! croit-on donc, reprit-elle, qu'il suffise d'aller les chercher *en haut* pour les trouver plus élevés! Un peu mieux déguisés peut-être, mais c'est tout. — J'en conviens, repris-je à mon tour, et l'observation exacte et impartiale démontre que le bas n'est qu'une déteinte du haut; que la bassesse voile son front ignoble sous le feutre de soie comme sous le grossier bonnet de laine, et que le vice cache son pied fourchu tout aussi bien dans la botte vernie que dans de gros sabots.

(14) Montembœuf, chef-lieu du canton de ce nom, situé à peu près à son centre, sur le versant ouest d'un coteau étroit et assez élevé: patrie de l'auteur, bureaux des postes et d'enregistrement, justice de paix, perception, gendarmerie, pas de chemin de fer, mais pourvu depuis peu d'une petite commision *météorologico-scientifique*.

Le sous-sol de la bourgade, de même que celui des sommets nombreux qui se rencontrent dans le territoire du canton, est formé généralement par un tuf brun, légèrement micacé et excessivement fin, ténu comme de la cendre, mais rendu compacte néanmoins par le tassement, dont la densité augmente en proportion de la profondeur. et qui se change insensiblement en une roche lamelleuse d'un gisement d'une grande puissance, et d'une dureté progressive à mesure que l'on s'éloigne de la surface.

(15) Dans toute l'étendue occupée par l'assiette du bourg et plus loin, ce sous-sol tufier est sillonné à une profondeur de plusieurs mètres par un réseau d'étroits couloirs souterrains, dans lesquels un homme peut circuler tantôt debout, tantôt seulement en rampant, et qui aboutissent, de distance en distance, à des excavations plus vastes, de formes diverses, où plusieurs personnes peuvent tenir à la fois et se mouvoir aisément; les parois de ces souterrains conservent si distinctement l'empreinte de chaque coup de pioche, qu'on les dirait faits d'hier; et cependant combien de siècles ont dû s'écouler depuis. Les archéologues estiment, et non sans raison, que ces localités couvertes de forêts, au temps des invasions romaines, servirent de refuge aux populations voisines qui y creusèrent ces retraites souterraines pour se soustraire aux fers du vainqueur: de puissants motifs de conservation

et de sécurité peuvent seuls, en effet, expliquer le courage et la persévérance qu'il a fallu avoir pour pratiquer ces étranges demeures.

(16) Le cerisier, originaire de Cérasonte.

(17) Le prunier, originaire de Damas, ou du moins quelques espèces.

(18) Espèces de poirier.

(19) Le pommier. .

(20) Le pêcher, originaire de la Perse, anciennement Iran ou Iranie.

(21) L'abricotier, originaire de l'Arménie.

(22) La vigne, le châtaigner.

(23) Le sarrazin ou blé noir.

(24) Les différentes variétés de haricots que l'on cultive en abondance dans le pays, et qui y sont d'une excellente qualité.

(25) Le blé de Turquie ou maïs.

(26) La pomme de terre, un des produits les plus importants du pays.

(27) Le minerai de fer, qui abonde dans plusieurs localités du canton et dont on trouve quelquefois des fragments jusqu'à la surface du sol, dans la terre arable.

(28) Espèces de larves et chenilles, les plus répandues et les plus nuisibles aux arbres fruitiers.

(29) Larves d'insectes.

(29 *bis*) Un de mes amis, garçon charmant, spirituel et lettré, musicien et artiste, mais peu familiarisé avec les sciences naturelles et d'observation, ne pouvait croire à l'histoire de la lisette que je venais de lui raconter : « Tenez, lui dis-je, vous allez voir. » Je venais à l'instant d'en apercevoir une c'était une bleue), qui sur le limbe de la feuille terminale d'une jeune pousse de pêcher, avait l'air d'écouter assez complaisamment les propos d'amour que lui contait un voisin dans une pantomime très significative. En effet, d'abord elle aima, puis pendant que son amant subissait encore l'influence de cet affaissement physique et moral, moitié volupté, moitié tristesse, qui accompagne chez le mâle, dans toutes les classes des êtres, la satisfaction complète du besoin d'aimer, elle lui tourna le dos et le quitta brusquement, descendit quatre ou cinq centimètres au-dessous, le long du jeune rameau ; et là, la tête en bas (la lisette travaille toujours la tête en bas, soit qu'elle perfore ou qu'elle exise), appuyant son outil sur le rameau et au moyen de mouvements de tête lents, de gauche à droite et de droite à gauche, le promenant sur son écorce tendre, comme un vitrier promène son martelet diamanté sur une feuille de verre, elle lui fit une section transversale, à peine visible, tant la lame avait coupé fin, d'une profondeur du quart environ de la circonférence ; puis elle se retourna, remonta à un ou deux centimètres plus haut, se remit la tête en bas, et après avoir tâté un peu le terrain en deux ou trois petites places avec son instrument, se cramponna vigoureusement et le plongea de toute sa longueur dans l'épaisseur du jeune rameau ; et par ses petits mouvements de tête et du haut du corps en *va* et *vient* giratoires, on voyait, qu'après avoir fait le trou, elle cherchait à l'évider en largeur à l'intérieur seulement. Cette opération dura sept minutes, la section n'en avait guère duré que

deux ; lorsqu'elle fut terminée, elle retira son dard, se retourna, chercha avec son derrière, et sans beaucoup tâtonner, le trou qu'elle venait de faire, et quand la sensation lui en fait reconnaître qu'il était bien vis-à-vis, elle s'y appliqua fortement, redressa la tête et le haut du corps de manière qu'elle paraissait y être assise, et l'on voyait qu'elle faisait des efforts.

Au bout de deux minutes environ, elle se retourna et avec son outil se mit à enfoncer, le plus qu'elle put, en le poussant de haut en bas, l'œuf qu'elle venait de pondre ; puis, avec l'extrémité de ce même outil, elle attira de dedans en dehors les parois et l'ourlet de l'orifice, les étira, les tapota, les tripota et finit par l'oblitérer si bien qu'il eût été invisible, si sa couleur noire, tranchant sur le vert de l'écorce, ne l'avait fait ressembler à une petite tache d'encre qu'on aurait déposée avec l'extrémité d'une plume effilée, comme un point sur un i.

Le temps de la ponte et cette dernière opération avaient bien duré ensemble cinq minutes. Aussitôt ces précautions de sûreté prises, sans changer de direction et sans hésiter, la tête en bas, elle redescendit droit au niveau de la section qu'elle avait commencée. Mais comme le chantier d'où elle descendait ne se trouvait pas tout-à-fait sur la même ligne, elle décrivit une petite oblique et se trouva juste à la portée de la section, dans laquelle elle appliqua son instrument sécateur et qu'elle continua à approfondir en dirigeant exactement, comme la première fois, son mouvement de gauche à droite d'abord, puis de droite à gauche, et ainsi de suite alternativement.

Comme à mesure qu'elle avançait vers le diamètre, le rameau augmentait d'épaisseur, l'opération marchait plus lentement. Sa première n'avait duré que deux minutes et il y en avait déjà plus de trois qu'elle travaillait à celle-ci ; je croyais même qu'elle ne cesserait pas qu'elle n'eût fini de couper le rameau , mais enfin elle s'arrêta ; il y en avait un peu plus de la moitié de coupée. Elle se retourna, remonta jusqu'au-dessus du point où elle avait pondu, se remit la tête en bas, fit un deuxième trou comme elle avait fait le premier, se retourna, pondit un second œuf, se remit la tête en bas, prit les mêmes précautions que la première fois ; redescendit à la section déjà deux fois commencée et deux fois abandonnée, se remit à l'œuvre comme devant, et je m'attendais qu'elle allait encore la suspendre pour remonter pondre un troisième œuf. Il n'en fut rien, elle redoubla d'ardeur et ne quitta l'ouvrage qu'après s'être assurée, en promenant son outil sur le disque de la section, qu'elle était bien complète et que le bout du rameau auquel elle venait de confier l'espoir de sa postérité était détaché et ne pouvait plus végéter. En effet, il venait de tomber, c'était temps ! mon ami et moi nous n'en pouvions plus ; lui surtout, qui manquait d'habitude : la sueur qui perlait sur son visage, tombait goutte à goutte sur la poussière de l'allée et faisait des taches comme de grosses gouttes de pluie : c'était au mois de juin, il était une heure après midi, il faisait 28° de chaleur à l'ombre, et nous étions là depuis 27 minutes, immobiles sous un soleil de feu !

—Dis-moi, petite lisette ? Les savants je ne parle pas de ceux qui disent que tu *piques les pétioles des feuilles pour pondre tes œufs à leur face inférieure et les enrouler ensuite,* ni de ceux qui prétendent qu'*après avoir coupé l'extrémité d'un jeune rameau tu y déposes* tes œufs, ni de ceux qui l'ont répété en les copiant. Tous ceux-là n'ont guère fait qu'*entendre* parler de toi. Mais je veux parler de ceux qui ont quelque peu cherché à faire ta connaissance) ; ces savants, dis-je (et encore, ils n'ont point comme moi boucané leur peau au soleil en passant des journées entières à te suivre) ces savants disent tous que tu *commences* par pondre tes œufs à l'extrémité d'une jeune pousse et que tu *coupes ensuite par dessous.* Or, il y a quelqu'un de vous autres qui a tort, ou des savants qui disent autrement que tu ne fais, ou de toi qui fais autrement que les savants ne disent. Dis-moi donc, petite lisette, pourquoi, au lieu de couper, comme le disent les savants, un bout de rameau pour y pondre tes œufs, ou d'y pondre pour le couper ensuite, pourquoi commences-tu par y faire une légère section, pour remonter ensuite y pondre un œuf par dessus ? — « C'est pour deux raisons : d'abord pour prendre possession du terrain, pour faire acte de propriété, comme l'on dit chez vous, afin que pendant que je suis plus loin en train de l'exploiter, si quelqu'autre venait à passer par là, il vît tout de suite que la place est occupée, et passât son chemin. Deuxièmement, afin que si par cas de force majeure, après que j'aurai pondu un premier œuf, je venais à être expulsée, la légère section que j'ai faite à la jeune pousse, en la rendant plus fragile, l'exposât d'un moment à l'autre à être détachée complétement par un coup de vent ou tout autre, ce qui est la fin que je me propose ; ou bien tout au moins que la blessure que je lui ai causée, en la rendant plus faible, n'empêchât que la sève trop abondante ne noyât l'œuf que je lui ai confié, et que cette petite postérité eût, par là, quelques chances de survivre ; de même que vous mettez à une diète modérée une nourrice trop riche de santé, dont le lait trop substantiel indigérerait votre nourrisson trop débile.

— C'est très bien. Mais pourquoi au lieu de redescendre, après chaque œuf que tu déposes, pour augmenter la section commencée et ne la finir qu'après le dernier, pourquoi ne commences-tu pas par pondre tous les œufs que tu te sens en état de faire, pour venir ensuite couper complétement le rameau par dessous ? — Parce qu'il pourrait m'arriver d'être dérangée, d'être réduite à abandonner *tous* mes œufs, la branche n'étant encore qu'incomplétement coupée ; et si j'ai bien pu et dû, ne pouvant faire autrement, confier l'avenir de l'*un* de mes enfants à l'éventualité possible d'un coup de vent favorable ou au dépérissement de la branche mutilée, je serais indigne du glorieux privilége d'être appelée à remplir la touchante et sainte mission de mère, si j'abandonnais, sans autres précautions et tout d'un coup, le sort de *toute* ma postérité à des chances aussi aléatoires ; de même que chez vous un père imprévoyant, au lieu de diviser ses capitaux en divers placements dont au moins une grande partie, sinon tous, aurait la chance de garanties solides, va engouffrer en un seul coup, dans une spéculation hasardée, tout le patrimoine dont dépend l'avenir de sa famille.

Eh bien ! messieurs les savants qui niez la raison des animaux, vous l'entendez ! ce n'est pas moi qui le lui fait dire ; comment trouvez-vous le raisonnement pour une petite bête qui pèse un peu moins de la moitié d'un demi centigramme ?

Peut-être n'a-t-elle point, et encore qu'en savons-nous, peut-être n'a-t-elle point le mordant analytique des Linnée et des Lavoisier ; la puissance généralisatrice des Cuvier et des Humbolt ; la profondeur omni-compréhensive du grand Tout des Laplace et des Edgard Poë ; mais dans la sphère de relations du monde où elle vit et dépense son énergie et son activité, pour la sagacité des appréciations, pour la précision des calculs et l'esprit de suite de ses inductions, souvent elle rendrait bien des points à plus d'un.

(30) Parmi les échenilleurs, il n'en est point de plus actifs et de plus méritants que la mésange. La nichée, une fois grande, voyage et travaille en famille : parcourt incessamment, de l'aubette jusqu'à la nuit, tous les environs des lieux où elle est née ; visitant, fouillant, furetant partout, les troncs, les branches, les feuilles des arbres, les anfractuosités des murailles ; s'introduisant jusque dans les greniers. Où elle passe, rien n'échappe à sa vigilante activité, ni œufs, ni larves, ni chenilles, ni insectes parfaits, de ceux qui relèvent de ses attributions, bien entendu. Le printemps venu, les co ples se forment et si les nouvelles nichées n'étaient pas détrui-

tes avec un acharnement forcené par les enfants des villages, l'agriculture pourrait être assurée d'avoir bientôt, pour la destruction de la vermine, un auxiliaire d'une valeur incalculable ; car la mésange multiplie avec une fécondité étonnante que la Providence lui a départie en proportion des services qu'elle est appelée à rendre.

J'ai voulu me rendre compte, approximativement, du nombre d'insectes qu'une mésange pouvait détruire. Un soir de cet été, en fumant mon cigare, assis sur la mousse, sous un vieux châtaigner dans un creux duquel je savais une nichée, je me suis amusé à compter le nombre de becquées que la mère apporterait à ses petits : de cinq à six heures, elle a fait soixante-dix-sept tournées ; soixante-dix-sept chenilles dans une heure ! Et des journées de quinze à seize heures, comptez ! Et quand chacun de ces dix ou douze petits, étant grand, vient à travailler pour son propre compte !

(31) Rien n'est plus commun en effet, que l'affligeant spectacle de pauvres petits oiseaux, de nichées entières, de tout âge, de tout degré de développement, servant de jouet et de passe-temps barbares, absolument comme des choses inertes, aux enfants des campagnes qui leur font subir toute espèce de tortures sans avoir l'air de prendre garde ni de se douter (s'ils s'en doutaient, ce serait bien plus grave) que les cris, les mouvements convulsifs et désespérés, le piaulement continu et lamentable de ces pauvres petits êtres témoignent qu'ils sont sensibles aux déchirantes impressions de l'effroi, aux écœurantes angoisses du désespoir, du regret du lieu natal et des leurs, et aux douleurs physiques dont le navrant tableau va retentir d'une manière si poignante aux cœurs de leurs pauvres mères, elles, de tous les êtres de la création, peut-être, le plus ineffablement soumises aux impressions des affections familiales.

Que si le devoir de veiller à la conservation du sens moral de l'humanité ne semblait pas, pour ceux qui ont charge et pouvoir pour cela, motiver suffisamment l'obligation d'intervenir, qu'on intervienne, au moins, au nom des égards et de la protection dus à la sensibilité sacro-sainte de ceux qui ne peuvent être témoins des tortures infligées aux animaux et à tous êtres sensibles, sans en avoir l'âme douloureusement contristée ! Et si ces considérations d'un ordre purement moral, ne valent pas encore, on ne saurait du moins se soustraire à cette obligation indéclinable d'accomplir un devoir d'une portée toute positive et d'intérêt matériel, à savoir : de veiller à la conservation des moyensel agents de salubrité publique.

En effet, s'il est vrai, et il est vrai que rien n'a été fait au hasard dans la nature, que chaque série des êtres créés a reçu un rôle et remplit une mission en vue de l'accomplissement des fins de la Providence, il est constant que pas un quelconque des anneaux de cette immense chaîne harmonique ne peut-être supprimé, sans perturbation de l'ordre physique de l'univers: et que de toutes ces séries d'êtres qui en constituent les chaînons, l'homme seul, peut-être, pourrait disparaître (ainsi que l'a dit le trop oublié Bernardin de Saint-Pierre , sans que l'équilibre en fut compromis.

S'il est vrai, et il est vrai que le maintien de cette harmonie entre dans les plans de la Providence , il est conséquent de penser qu'il a dû être pourvu à l'établissement d'un système de moyens pour la conserver, et en jetant les yeux autour de soi, l'on voit qu'il y a été pourvu; et à ces vues, l'adaptation des moyens aux fins a été si parfaite, que les effets réagissant sur les causes, sont causes et effets à la fois: de sorte qu'il est impossible de décider si le moyen qui joue le rôle de *cause* a été donné en vue du *but à atteindre,* ou si c'est le *résultat atteint qui a eu sa raison d'être* en vue de fournir à la cause qui l'a produit, l'occasion de se manifester. Ainsi, pour prendre un exemple au cœur même de notre thème ; il existe parmi les oiseaux une catégorie qui vit d'insectes et puise dans ces insectes ses moyens de durée et d'accroissement, sans que l'on puisse déterminer si l'oiseau a été créé pour dévorer l'insecte, ou l'insecte pour fournir les moyens d'existence à l'oiseau; tant est complète, dans les plans de l'univers, la réciprocité d'appropriation des moyens aux fins, en laquelle brille la preuve de l'authenticité absolue de l'estampille divine, distinguée de toutes les marques d'ouvrages de fabrique purement humaine, ainsi que l'a si bien dit le plus profond, à mon sens, de tous les penseurs du siècle.

Mais comme, pour que cette libration harmonique, avec son état de fragilité apparente et ses chances de perturbation, put durer pendant une ère proportionnée à la haute majesté de ses destinées matérielles et spirituelles, *il avait fallu* douer ses rouages, non pas seulement de la résistance purement *passive* des ressorts matériels et physiques, mais de cette résistance *militante* qui est propre à la puissance vitale et s'affirme par la *propension à l'accroissement et la faculté de s'accroître;* et comme d'autre part, cette propension à s'accroître et cette faculté d'accroissement *eussent pu,* dans l'une quelconque des séries des êtres, atteindre des proportions incompatibles avec la durée de l'ordre établi et la pérennité harmonique compétée, *il fallait* qu'il y fut préposé un agent de libration toujours vigilant et *une puissance-modérateur* toujours active. Et il *fut voulu,* à ces vues, avec cette admirable faculté d'appropriation des moyens aux fins, que chaque série d'êtres, par cette propension à l'accroissement et cette faculté de s'accroître, servît de *puissance-modérateur* à la propension, à l'accroissement et à la faculté de s'accroître de la série en laquelle elle puise ses conditions de durée et d'accroissement, en même temps qu'elle fournirait les conditions de durée et d'accroissement à la série en qui elle trouve la *puissance-modérateur* de sa propre propension à s'accroître. C'est ainsi, pour continuer par le même exemple, que l'oiseau, ou du moins la partie la plus importante de la série, trouve ses conditions de durée et d'accroissement dans l'insecte, à la faculté d'accroissement duquel elle sert de puissance-modérateur: lequel à son tour joue le rôle de modérateur de la plus énergique et de la plus générale des manifestations de la vie dans l'univers, c'est-à-dire de la végétation, à laquelle il demande ses moyens de durée et d'accroissement. Et pour que cette puissance-modérateur d'un chacun et réciproque, qui en définitive opère par destruction, ne pût jamais faire descendre la dépression à un degré équivalent à l'anéantissement complet et restât dans son rôle d'agent harmonique, son champ d'action fut parqué entre les limites des besoins naturels à satisfaire (proportionnés d'avance à l'énergie et à l'importance de la chose à modérer) et qui, purement instinctifs et complètement insoumis à la volonté, sont garantis, pour le plus ou pour le moins, contre les écarts de la fantaisie et du caprice.

Mais l'homme, par son privilége spécial de volonté libre et de perfectibilité, étant susceptible de se créer, en dehors du cadre des besoins naturels, tout un programme de besoins factices et purement arbitraires, en même temps qu'il est en état de se procurer les moyens de les satisfaire, l'homme évidemment n'accomplit point prédestinément, comme les autres séries des êtres, le rôle de puissance-modérateur harmonique instinctive; et celui qu'il remplit se mesure, très proportionnellement, au degré de son intelligence de l'harmonie de l'univers et à sa volonté de la respecter. Et l'on conçoit que selon qu'il se trouvera dans un état moins avancé et moins favorable en l'une et l'autre de ces deux conditions, avec les moyens formidables de destruction auxquels on le sait capable de s'élever, au lieu de concourir à la libration, il se trouvera être un agent de perturbation des plus énergiques et des plus dangereux; et c'est là justement la voie déplorable où nous le surprenons vis-à-vis de l'oiseau, voie où il fait preuve de la plus grossière inintelligence et de la plus étrange insouciance de ses intérêts.

En effet, l'oiseau apporte au moins une double coopération évidente à l'œuvre harmonique et divin de l'univers: l'une purement artistique, d'embellir et de poétiser les lieux hantés par l'homme ; l'autre essentiellement libratoire et en même temps d'utilité et de salubrité publique, non pas par la *destruction* des insectes, sa mission et son pouvoir ne vont pas jusque-là et la pérennité *voulue* de l'harmonie universelle s'y oppose, mais par la *modération* qu'il apporte à leur accroissement et l'épurement qu'il opère des mauvaises graines, nuisibles aux récoltes de l'homme ! Or, au train dont vont les choses, avec la progression toujours croissante du dénichement coïncidant avec le déboisement également progressif du pays, lequel diminue pour l'oiseau les chances et la facilité de se multiplier et de se soustraire à la persécution, il est à craindre qu'avant bien longtemps, il ne se fasse, pour quelques espèces, un tel abaissement de niveau qu'il équivaille, sinon à une destruction complète, du moins à une insuffisance pour les besoins du service sanitaire qui leur a été départi ; il serait donc grandement temps d'aviser.

Nous savons bien que dans la loi sur la chasse (bien qu'il n'y ait pas lieu de supposer que le législateur ait été mu par des considérations d'un ordre plus élevé que le désir de conserver certains moyens de jouissances accessibles à un petit nombre, et aussi sans doute quelques éléments de plus à l'alimentation de luxe), il a été édité en faveur du gibier proprement dit (dont font aussi partie quelques oiseaux), pour les époques de reproduction et pour certains moments de l'année où il lui serait trop difficile de se soustraire aux attaques, il a été édité, disons-nous, des prohibitions dont l'oiseau *sanitaire* profite incidemment ; mais il y a bien loin de la stricte sévérité apportée de la part des préposés dans la répression des infractions aux mesures prohibitives en faveur du gibier proprement dit, à la tolérance qu'ils témoignent quand il s'agit des petits oiseaux. Tel, par exemple, qui, pour avoir assommé d'un coup de bâton un lièvre passant devant lui sur la route, ou avoir ramassé un perdreau tombé des griffes d'un faucon, ne trouverait pas un refuge derrière les circonstances atténuantes, qui serait vu impunément massacrer, en tout temps, des petits oiseaux par centaines. Mais y eut-il parité parfaite de répression dans les deux cas : étant admise cette manière de voir, que l'oiseau mérite protection et qu'il importe dans le but de la conservation de l'espèce d'en interdire, à certaines époques, la destruction des individus adultes ; combien plus efficace serait à ce point de vue cette prohibition s'étendant aux nichées. Nous savons bien encore qu'en l'absence de clauses spéciales et positives de la loi à cet égard, certains administrateurs bien inspirés en ont étendu cependant jusque-là l'application protectrice. Mais ici encore, nous en sommes réduit à regretter que les préposés à l'exécution des actes administratifs puissent se croire autorisés à établir des distinctions et des degrés dans le concours et le zèle à apporter dans la répression des infractions à ces actes.

De ces considérations, nous concluons : 1° qu'il importe à l'élévation du sens moral de la société de soustraire l'enfance aux exemples et aux habitudes de cruautés *inutiles* et funestes, exercées envers les animaux en général et envers les oiseaux en particulier; 2° que la sensibilité de ceux que ces cruautés révoltent a droit au même respect et à la même protection que tout autre sentiment de morale publique; 3° que la conservation de l'oiseau importe à la fois à l'ordre matériel et harmonique de l'univers, aux jouissances esthétiques de l'humanité et à ses intérêts matériels; et de la partie la plus intelligente et la plus sympathique de notre âme, nous émettons le plus ardent des vœux :

Que la destruction de *tous* les oiseaux, autres que les oiseaux de proie et les *oiseaux-gibier* proprement dits, soit prohibée en tous temps, en tous lieux, et qu'elle soit réprimée, avec une pénalité plus adoucie si l'on veut, mais au même titre que tous autres actes attentatoires au sentiment de morale publique; au même titre que toute tentative de destruction dirigée soit contre les objets ou monuments consacrés aux goût et jouissances esthétiques de l'humanité; soit contre une soupape de sûreté ou tous autres moyens protecteurs dont l'existence importerait à la sécurité et à la salubrité générale; soit contre les fortifications ou moyens de défense établis à la frontière, contre l'invasion de l'ennemi.

(32) Il ne faut pas se le dissimuler, l'enfance a un vide à l'endroit du cœur que doit occuper plus tard le plus sympathique, le plus divin des sentiments, le seul peut-être vraiment indispensable pour déterminer sa caractéristique d'Être préféré de Dieu , à savoir : la sensibilité pour la souffrance de tous les êtres susceptibles de ressentir la douleur.

Sans doute ce vide peut se combler ; cette insensibilité de l'enfant pour toute souffrance, autre que celle qu'il ressent lui-même ou que celle tout au plus qu'il voit ressentir aux êtres assez intimement liés à la satisfaction de ses besoins ou de ses plaisirs, pour qu'il les identifie jusqu'à un certain point avec lui-même, cette insensibilité, disons-nous, peut disparaître et disparaît, en effet, pour le général, par le précepte et l'exemple contraires, et dans la proportion de la quotité disponible de la bonté native de chacun, bien que, chez quelques-uns, ce vide persiste à jamais dans toute son horrible profondeur.

Sans rappeler ici le fait historique (apocryphe peut-être) de Néron n'ayant pas de passe-temps plus agréable dans son enfance que d'arracher les pattes aux mouches et de les torturer, il est constant que les habitudes de cruauté envers les animaux et l'indifférence pour leurs souffrances sont un acheminement vers l'endurcissement définitif du caractère, quand ils n'en sont pas déjà la preuve. Il importerait donc au plus haut point, pour l'élévation du sens moral des générations, de soustraire de bonne heure et le plus complétement possible, l'enfant à ces habitudes de cruauté, inconscientes sans doute, mais d'une influence si funeste, auxquelles il a tant de propension à se livrer envers les êtres inférieurs et envers les oiseaux principalement, à cause du charme et de la facilité qu'il trouve à les posséder.

C'est surtout dans les petites villes et dans les bourgades où il n'y a pas d'abattoirs et où les bouchers tuent leurs animaux de boucherie sur le seuil de leurs maisons ou de leurs granges, que l'on voit les enfants de tout âge accourir en foule à ces affreux spectacles pour s'en réjouir et, ô dégoût! là, dans les mouvements désespérés et les cris d'agonie des pauvres bêtes qu'on égorge, trouver l'occasion d'ignobles lazzis, qui seraient plus horribles encore, s'ils partaient d'intelligences parfaitement conscientes.

Nous n'avons à ce sujet qu'à répéter ce que nous avons dit dans la note précédente : qu'il y a urgence à intervenir pour soustraire l'enfant à ces écoles d'endurcissement. On nous objectera peut-être, que d'après notre manière d'entendre l'influence qu'exerce sur le caractère l'habitude de voir souffrir les animaux, les bouchers devraient être les plus féroces des hommes; nous sommes loin de pousser les choses à cet extrême, et nous aimons à croire que le plus grand nombre d'entr'eux n'ont que juste ce qu'il leur faut de dureté pour accomplir leur terrible ouvrage; mais on ne nous forcera point non plus à dire qu'ils doivent être plus tendres que les autres hommes. D'ailleurs, peu d'entr'eux (pas un sans doute) ne le font par attrait d'une sensualité barbare; ce n'est là que l'un des nombreux métiers entachés de dureté, auxquels la nécessité de vivre et de se créer des ressources d'existence condamne l'homme qui n'a pas toujours le choix des moyens, au milieu de la civilisation et des mœurs de la plupart des peuples actuels. Mais il est indubitable qu'il est réservé aux destinées de l'humanité, en vertu de son investiture de perfectibilité prominente, de voir disparaître des mœurs des peuples, dans un avenir bien éloigné sans doute, de plusieurs milliers d'années, dix mille, cinquante mille, plus, moins peut-être, de voir disparaître les habitudes de zoophagie, comme ont disparu, chez l'immense majorité d'entr'eux, l'antropophagie et le cannibalisme. Et les récits des sacrifices d'animaux en usage dans nos mœurs actuelles, paraîtront aux survivants de ces temps à venir aussi incompréhensibles et aussi horribles que nous le paraissent les sacrifices humains des temps de barbarie d'autrefois, et ceux qui se pratiquent encore aujourd'hui chez les peuples restés sauvages : en Dahomey, par exemple, dont il nous parvenait hier encore des récits épouvantables à faire dresser les cheveux sur la tête, où un roi de ces cannibales égorgeait de sa propre main, en l'honneur de ses prétendus dieux, sanguinaires comme lui, quarante créatures humaines!. . . . .

Ignoble brute royale d'Abhomey! qui empourpre ta couronne dans un cuvier de sang humain! Non, le prétendu dieu que tu feins hypocritement d'adorer et auquel tu ne crois point, n'est point un dieu! C'est un démon que tes pareils et toi avez inventé pour en faire accroire à vos malheureux peuples stupides, et rehausser à leurs yeux l'importance de votre féroce puissance, en vous donnant pour des êtres providentiels et les interprètes d'en haut!. Non, dans quelque pays, à quelque époque que ce soit, et de quelque nom qu'on les ait désignés ou qu'on les désigne, les dieux au nom desquels on a réclamé le sang humain et pour la prétendue glorification desquels on tourmente et tyrannise les hommes, non, ces dieux là ne sont pas le vrai Dieu! C'est vous, misérables hypocrites, qui vous donnez pour leurs ministres, c'est vous qui les avez inventés pour vous emparer en leur nom de la volonté et du libre arbitre de vos semblables, afin de vous assurer la satisfaction de vos grossiers appétits terrestres!. Le vrai Dieu, c'est celui qui depuis des milliers de millions de siècles, par le seul effet de sa volonté, a répandu dans l'espace infini des billions de trillions de mondes qui roulent dans l'immensité à des distances de quadrillions de quintillions de lieues, marchant vers l'accomplissement de leurs destinées matérielles et spirituelles avec un ordre et une harmonie dont la simplicité et la grandeur, quand on essaie de les contempler avec les yeux de l'âme et de l'esprit, arrachent des larmes d'admiration, d'attendrissement et d'humilité! Et celui-là, il ne demande à l'homme que d'accomplir la part de coopération qui lui a été départie dans l'œuvre divin, et qui est : de marcher vers ses destinées spirituelles par la voie privilégiée de perfectibilité dont il a été favorisé !

(33) Le *roitelet*, le plus petit des oiseaux sédentaires du pays, d'une vivacité, d'une pétulence extrême ; échenilleur, fureteur infatigable ; il se fourre partout, dans les maisons, les greniers, les toits, les caves; d'une fécondité extraordinaire, malgré les nombreuses nichées qui sont détruites par les enfants, par les belettes et les loirs, il parvient presque toujours à en élever une ou deux chaque année, car il ne cesse de bâtir de la Saint-Joseph jusqu'en août. Son nid, qu'il enchâsse avec une habileté incroyable dans le lierre, dans la mousse d'un vieux tronc d'arbre, dans un bouquet d'ajoncs, dans une anfractuosité d'une muraille, est d'un volume considérable et d'une grande solidité ; tout fait de mousse, de quelques feuilles et menus brins de fougère, feutré avec du crin et garni de plumes à l'intérieur; globuleux, exactement fermé de toutes parts, il ne présente qu'un très petit pertuis à passer l'index, dont les parois sont plus lissées et plus fortement feutrées que le reste de l'édifice, et se trouve situé au tiers supérieur environ, sous un petit avancement en forme d'abat-jour qui le surplombe, de sorte qu'au premier aspect on est tenté de croire qu'il n'y a pas d'entrée; pour l'apercevoir, il faut regarder de bas en haut.

(33 *bis*) Chacun sait que le coucou passe pour ne pas bâtir ni couver, mais pour pondre dans le nid des autres oiseaux auxquels il imposerait ainsi frauduleusement l'effronté parasitisme de sa famille ; c'est du moins l'opinion généralement reçue.

Rebelle par tempérament et par direction habituelle d'idées à toute tradition, assertion, foi ou croyance qui, en contradiction flagrante avec les lois ordinaires de la nature, ne peut, selon son espèce, résister à la sévérité de la logique et de la raison, ou bien ne porte pas en soi le cachet d'une vérité d'observation suffisamment confirmée, il n'était pas douteux que je ne dusse chercher à vérifier la version qui a cours au sujet du coucou. Je cherchai longtemps.

Un jour, enfin, j'en vis un s'envoler d'un terrier où je savais un nid de rouge-gorge qui avait huit petits œufs blancs, finement et profusément pointillés de gris et que la mère couvait depuis deux ou trois jours. Je m'approchai et j'en trouvai un neuvième déposé sur les autres, un peu plus oblong, guère plus gros, presque de la même couleur, un peu plus foncé en teinte au fond seulement.

Je me proposais de suivre avec attachement, on peut le croire, la suite et les péripéties de ce petit drame tout gros d'immoralité ;

mais le coucou étant beaucoup plus volumineux que le rouge-
gorge, soit peut-être aussi qu'il n'y eût pas apporté assez de précaution, n'avait pu arriver jusqu'au nid et s'y placer sans fouler
horriblement les herbes qui l'entouraient et le nid lui-même : la
mère rouge-gorge s'aperçut que sa couche avait été souillée et elle
l'abandonna. C'est tout ce que j'en ai pu savoir. Mais cela suffit, de
reste, pour décider la question à la honte du gros misérable sans
entrailles qui ne craint pas de porter, sans scrupule, le trouble et la
souillure au sein des familles paisibles et laborieuses, vouées
avec amour à l'accomplissement du plus sacré devoir de la
nature.

(34) La huppe n'a pas de chant à proprement parler : il consiste
tout entier dans ces deux syllabes répétées d'une voix plaintive et
lamentable : *pût-pût, pût-pût.* C'est là probablement la cause de
cette croyance et de ce dicton populaires, qu'elle fait son nid avec
des excréments de chien. C'est extrêmement faux, elle le fait avec
des menues feuilles et d'autres herbes dans un creux d'arbre.

(35) Le corbeau qui, au temps de mon enfance, abondait chaque
hiver dans le pays en volées innombrables, n'y apparaît plus,
depuis longtemps, qu'individuellement ou par petites troupes isolées. L'hiver de 1830 lui fut tellement funeste, qu'il se passa un
certain nombre d'années sans qu'on en aperçut un seul individu.
Du reste il en avait été de même d'un grand nombre d'autres
oiseaux de passage ou sédentaires, notamment des merles qui
avaient eu à souffrir comme tous les autres des rigueurs de la saison, mais qui, en outre, à cause de leur plumage, étaient dénoncés
de partout, dans les campagnes dénudées et couvertes de neige, aux
oiseaux de proie qui en firent un tel carnage que l'on put craindre
une destruction complète.

(36) *Je viens de rien !* Ce ne serait point avoir la mesure exacte
de l'opinion de l'auteur que de prendre les expressions au pied de
la lettre. On ne doit y voir qu'une exagération de langage, une
hyperbole, pour exprimer combien la formation des champignons
est obscure, et qu'ils ne proviennent point en apparence, quel-

ques-uns du moins, d'éléments initiaux similaires, ainsi que le montre la facilité de faire naître à volonté le champignon de *couche;* qu'en un mot, ils ne procèdent point du grand principe général et primordial de germination ou d'ovulation apparente, ainsi du reste que la science elle-même l'admet, par la désignation de *cryptogamie* qu'elle a appliquée à leur famille.

(37) La morille, en latin *morchella esculenta.* Nous nous sommes cru autorisé à franciser le mot *morchella* au lieu d'employer celui de morille, quoique déjà connu et accepté, parce que dans les sciences naturelles, dans la botanique principalement, la plupart des noms sont formés de noms de personnes, de choses ou de lieux latinisés d'abord, et francisés ensuite, ainsi : du naturaliste *Lacépède* on a fait le mot *Lacepedea*, et on l'a francisé en celui *Lacépédie* (nom que l'on a donné à une plante) : de *Liébig* on a fait *Liébigia* et *Liébigie*, etc., etc., etc. Quant à l'adjectif qualificatif *esculenta*, ne lui trouvant pas dans la langue française aucun équivalent convenable, ni dans le mot succulent, puisque la morille n'a guère de suc, ni dans les mots délicieux ou excellent qui ne le traduisent pas, nous l'avons tout simplement francisé. C'est un néologisme qu'on ne nous pardonnera probablement point, de même que quelques autres : mais nous sommes convaincus, en agissant ainsi, d'avoir été au-devant des besoins de la langue française et de n'avoir précédé l'opinion publique que de quelques jours et l'Académie de quelques années.

(38) Le *Phallus impudicus* : rien de hideux et d'infect comme ce champignon qui a tout-à-fait la forme de l'organe auquel il emprunte son nom ; à toute période de son existence, et sans qu'il soit décomposé, sa puanteur est telle que sans le voir on devine sa présence à quarante pas, et que je défie qui que ce soit de le sentir à un mètre de distance, sans tomber à la renverse.

(39) Jacques Veyret, sieur de Logérias, maître en chirurgie, eut de Marie Paillot, la plus simple et la plus douce des villageoises du pays, qu'il avait épousée âgée de quinze ans, dix-huit enfants, dont la plupart atteignirent l'âge de puberté. Décédé jeune encore,

vers sa cinquantième année, il laissa sa veuve allaitant son dernier né. De cette nombreuse famille, quatorze vivaient encore au moment de la Révolution. Le jour où la nouvelle de *la patrie proclamée en danger* parvint à Montembœuf, trois d'entr'eux, dont l'aîné avait à peine vingt ans et le plus jeune pas quatorze encore, s'engagèrent volontaires dans le premier bataillon de la Charente; ils furent rejoints presque immédiatement par un quatrième qui étudiait la médecine à Rochefort. Au bout de quelques mois deux d'entr'eux furent tués; deux ans après Jacques Veyret, mon père, le plus jeune des quatre, blessé légèrement au ventre par une balle sous les murs de Valenciennes, et beaucoup plus gravement à l'épaule d'un coup de bayonnette qui lui traversa l'omoplate, fut mis hors d'état de service. Sans cesse traqués d'ambulance en ambulance, les blessés ne pouvaient recevoir des soins convenables; la gangrène se mit dans sa plaie et fit tomber en exfoliation la plus grande partie de l'os fracturé. Il revint au pays et fut longtemps à se remettre. Combien de fois, dans mon enfance, en jouant le matin avec lui sur son lit, j'ai vu et embrassé cette chère cicatrice où l'on pouvait coucher le poing tout en travers de l'épaule. Il toucha jusqu'à la Restauration une petite pension de deux cent cinquante francs; les Bourbons la lui supprimèrent. A la Révolution de 1830, il crut devoir réclamer. On n'était pas fort sous ce règne pour récompenser les humbles services des vieux: on garda ses papiers sans lui répondre; comme il n'était pas âpre à la curée, il s'en tint là; il est mort depuis! Je lui dois le seul mérite que j'ai, d'aimer passionnément la patrie et les choses nobles du cœur, et de dédaigner tout le reste de ce que fait l'objet des plus ardentes convoitises de la plupart.

(40) La partie vignoble de l'Angoumois et de l'Aunis communément appelée *Bas-Pays*.

(41) Espèce de haricots. On sait que les haricots réussissent mal sur le sol calcaire et brûlant du Bas-Pays.

(42) Autre espèce de haricots.

(43) La Charente, qui prend sa source sur les limites du canton de Montembœuf et de la Haute-Vienne, près de Chéronnac.

(44) Ruffec, chef-lieu de l'arrondissement de ce nom, renommé :
1° par la cuisine de ses hôtels et ses pâtés aux truffes, du moins au
temps qu'il était traversé par les diligences de Paris à Bordeaux,
avant l'établissement du chemin de fer; 2° par ses fromages de
chèvre. et aussi par ses marrons, bien que ces derniers y soient
beaucoup moins abondants et non meilleurs que ceux qui se récol-
tent dans le canton de Montembœuf.

(45) Voir le compte-rendu de la réunion du comice agricole de
Ruffec de 1864 dans le *Charentais*, où il est dit que l'enseignement
de l'arboriculture (d'après l'ancienne méthode bien entendu) est
fortement goûté.

(46) Barbezieux, autre sous-préfecture de la Charente, renommée
par ses volailles.

(47) Depuis un certain nombre d'années, on vend sous le nom
de fromage de Barbezieux, du moins l'on m'a vendu quelquefois
sous ce nom, des fromages qui sont loin de valoir les bons fromages de Ruffec, quand ils sont bons.

(48) Cognac!!!!!

(49) Jarnac!!!

(50) L'incomparable vallée qui se déroule au pied du promontoire de la ville d'Angoulême, dont elle embrasse les trois quarts
du pourtour dans une espèce de grand fer à cheval ou mieux
d'un immense V dont les deux côtés sont parcourus dans toute leur
longueur, l'un le plus étroit. à convexité externe, du sud à l'ouest,
par le ruisseau de l'*Anguienne*, l'autre plus élargi, à convexité légère
et interne par un tronçon de la Charente, lesquels en se réunissant au-dessous du promontoire de *Beaulieu*, se trouvent avoir

tracé sur le plan de la vallée, dans le sens de son développement,
un Y gigantesque dont la queue serait figurée par le prolongement
du cours du fleuve continuant à couler en ligne droite à partir du
point où il a reçu l'Anguienne, jusqu'au moment où il disparait
dans une inflexion presque à angle droit derrière le bord ouest du
bois de Bassau.

Le promeneur qui arrivé par l'extrémité sud de la rue d'*Iéna*,
sur le petit parc, à quelques pas au-dessus des bains du Château, se
proposerait de circuir la ville le long des remparts, selon la direction sud, ouest, nord, pour considérer cette vallée dans le sens de son
développement, la verrait d'abord, ou du moins avant que la vue
n'en eut été masquée par les nombreuses constructions qui s'élèvent
de tous côtés sur la rampe, aurait pu la voir à sa gauche, sortir précipitamment de l'étroite gorge formée par l'écartement des deux
collines dont l'une se prolonge avec les chaumes de *Crage*, et
l'autre avec le plateau qui forme l'assiette du faubourg de *La Bus-
satte;* puis descendre lentement entre ces deux limites, au milieu
de nombreuses plantations de peupliers, de saules, etc., etc., traverser
la route de *Montmoreau*, et venir passer sous ses yeux, toujours res-
serrée et découpée en myriades de petits carrés de cultures marai-
chères ombragées de pommiers et d'arbres fruitiers de toute
espèce.

Lorsque, continuant à marcher de concert avec elle, lui en haut
et elle en bas, et sans la perdre de vue, il serait parvenu, après
avoir traversé la rampe du *Secours* et le rond-point du *Parc*, sur le
rempart qui longe l'église de *Saint-Pierre*, ou du moins sur la
rampe qui le remplace, il la verrait arriver en s'élargissant
au niveau du *Maine-Blanc ;* puis quelques pas plus loin laissant à gauche la colline des Chaumes de Crage, traverser le
rail-way, pousser une pointe du côté de l'ancienne route de Bordeaux et s'étendre à droite vers le bois de Bassan, en passant par
l'emplacement de l'ancien restaurant champêtre de la mère Alexis
(l'enseigne portait *restaurat*) que n'ont point oublié les générations
angoumoisines qui datent de quarante-cinq à soixante ans.

Lorsqu'après avoir contourné légèrement Saint-Pierre, laissé à
gauche l'emplacement de l'ancienne porte du même nom, il s'ache-
minerait vers Beaulieu par le rempart du Midi, il la perdrait de
vue en partie, pendant quelques instants, derrière le faubourg
Saint-Ausone; puis arrivé au point de la place où le rempart quitte
le parralélisme de l'ouest pour prendre la direction du nord-ouest,
à travers les éclaircis marqués entre les cimes des arbres qui s'élèvent du *Chemin vert,* ses regards la reprenant à gauche au point où

nous l'avons laissée, il la verrait se rapprocher de lui, disparaître de nouveau derrière l'église des *Carmélites* et reparaître bientôt encaissée entre la base du promontoire de Beaulieu et la petite côte qui conduit à Bassau, où elle s'évase un peu pour recevoir les méandres de l'Anguienne à son affluent dans la Charente ; et là s'étaler alors, tout d'un coup, en une immense prairie allongée, unie comme une carte, fuyant droit à l'ouest, parcourue dans le sens de sa longueur par la queue de l'Y dont nous avons parlé; laquelle, comme une grande arête ondulée et frangée, la divise en deux langues, sur lesquelles les regards glissent comme sur le parquet d'un salon recouvert d'un tapis vert, jusqu'à la rencontre de la colline de *Fléac* qui borne l'horizon à ce bout, par un amphithéâtre demi circulaire, dont l'extrémité droite, seule visible, descend vers les octrois en un plan incliné sur lequel on voit s'élever en rampant la route poudreuse de Cognac.

Des deux langues de la prairie, celle de la rive gauche côtoie tout du long le bois de Bassau, embrassant l'usine de la *poudrerie* vers la moitié de son parcours; celle de la rive droite confine aux jardins potagers, fruitiers, éparpillés devant et entre les maisons de *Saint-Cybard* et de *Bardines*, semées sur le côté gauche de la route de Cognac qui coupe en deux le faubourg et le hameau, et jusqu'au pied de la commune de Fléac, dont nous avons parlé.

Tout le long de l'autre côté de la route, derrière et entre les maisons de cette deuxième moitié de Bardines et du faubourg, s'étale une deuxième série de jardins fruitiers, maraîchers et de pépinières qui, s'élevant graduellement en ascension douce vers la droite, se confondent insensiblement avec les terres arables et vignobles des coteaux, embrassant les cimetières de la ville et quelques habitations isolées.

Parvenu enfin à l'extrémité nord du *Petit Beaulieu,* au point du rempart qui longe les anciennes casernes, d'où le regard, passant par dessus les pittoresques jardins verts appendus aux flancs du rocher, par dessus la rampe rapide qui mène à la place du *Palet,* plonge presque à pic, à une profondeur de trois cents pieds peut-être, notre promeneur verrait passer sous ses yeux, dans une succession rapide de gauche à droite : d'abord l'extrémité en aval d'un magnifique jardin insulaire profusément planté d'arbres verts et autres de toute espèce; ensuite le pont de Saint-Cybard, puis encore le jardin insulaire, qui après avoir disparu un instant sous l'arche, comme un canard qui a plongé sous l'eau, vient remonter en amont sa brillante tête ornée d'orangers, d'arbustes précieux et de fleurs le long des bordures de ses allées sablées; puis les importantes usines de Saint-Cybard, les deux bras de la Charente, la magnifique île qu'ils enserrent, le port de l'*Houmeau*, et enfin l'immense prairie de la rive droite, d'où le regard gagnant de proche en proche les terres et vignobles des coteaux en pente douce, tout pointillés de maisons blanches, dont le nombre augmente tous les jours, arrive enfin jusqu'aux plaines de *Vénat*.

Ce qui reste de la vallée interrompue un instant et cachée par le faubourg de l'Houmeau, puis reparaissant au-delà de l'embarcadère, ne peut être considéré que d'un certain nombre d'autres points de vue successifs et éloignés, dont le plus rapproché et l'un des principaux serait le plateau de *Saint-Roch*, derrière les nouvelles prisons. Tel est le panorama si riche, si varié d'aspect, d'étendue et de perspective que l'on peut voir se dérouler devant ses yeux sans interruption, en moins d'une demi-heure, dans une promenade comprise entre les limites que nous lui avons assignées. Telle est la vallée d'Angoulême !

Combien de fois, dans ma jeunesse, parti de l'une ou de l'autre extrémité des boulevards de la ville à la vue desquels se déroulent ces séductions infinies, j'ai, marchant à pas lents, penché de distance en distance sur le rempart, oublié en la contemplant dans une admiration pleine de délices, l'heure de la rentrée des classes et le *jardin aride des racines grecques!* Et aujourd'hui encore, après quarante ans bientôt, dans toutes les rares occasions où mes affaires me mènent pour quelques courts instants à la ville je ne manque jamais, pas plus qu'à une obligation votive, de venir évoquer dans une contemplation de quelques heures, pleine de souvenirs, les chers rêves de mon jeune âge et l'image de tant d'illusions évanouies.

Mais quelle que soit la splendeur que ce panorama présente toujours aux regards, il ne faut pas croire que pour jouir de tous les effets prestigieux de perspective qu'il est susceptible de produire, il importe peu de le considérer indifféremment dans son ensemble ou dans chacune de ses parties, en toute saison de l'année ou à toute heure de la journée. Toute la partie qui s'étend depuis les dernières limites où nous venons de laisser la vallée, jusqu'au point où commence à l'ouest la colline des Chaumes de Crage, veut être vue en plein été, en plein soleil de midi, au moment où les oreilles tintent, assourdies par le chant des cigales ; à l'exception de la portion comprise entre la route de Cognac et le bois de Basseau (celui-ci compris), qui gagne à être contemplée vers le soir, lorsque le soleil descendant à l'horizon projette par dessus les arbres de la forêt la partie supérieure de

ses rayons en faisceaux rougeâtres sur les fenêtres des maisons de
Bardines et de Saint-Cybard, qui semblent en être transformées
en autant de foyers d'incendie, et dont les vitres, comme des milliers de miroirs réflecteurs, les répercutent en les multipliant, en
même temps que l'autre partie plus inférieure, glissant en faisceaux
éparpillés à travers les éclaircies des futaies, entre leur feuillage,
vient scintiller sur l'eau du fleuve qui prend un aspect irisé; et
que les ombres des arbres épars dans la vallée, alors écl...... par
derrière, semblent s'avancer vers le spectateur en grandissant
comme les fantômes des rêves.

La partie appelée proprement les *jardins de l'Anguienne*, comprise entre l'ancienne route de Bordeaux jusqu'à la hauteur de la
fontaine des *Bezines*, demande à être contempl e de fin mars en
avril, lorsque les têtes arrondies des pommiers semblent littéralement ensevelies sous une nappe de fleurs blanches teintées de
rose, comme une jeune fille sous son voile de communiante, et
que de la cime de la plus haute branche, la charmante fauvette à
tête noire, après son premier déjeuner, jette aux rayons du soleil
levant ses joyeuses vocalises; ou bien en été, en plein midi, lorsque
le soleil tombant à pic sur la tête bien feuillée des arbres fruitiers,
en dessine à leurs pieds les ombres circulaires qui font l'effet de
nombreuses plaques brunes semées sur le reste de la surface des
cultures brillamment éclairées.

Vue du point d'où nous avons fait partir primitivement le promeneur et contemplée au loin, à gauche, à son origine, au moment
où les premiers rayons du soleil levant, passant en les jaunissant
par dessus les roches qui la dominent, viennent scintiller sur les
limbes humides des jeunes feuilles des arbres appendus aux flancs
de ses collines, elle est alors éclairée de la plus grande somme de
lumière que l'œil puisse recevoir sans en être fatigué, et apparaît
dans tout l'éclat de sa beauté printanière, et par l'effet de son
illumination, semble s'être rapprochée de l'observateur. En effet,
l'oreille distingue parfaitement les sons affaiblis d'un concert
matinal, auquel concourent tous les oiseaux d'alentour, pour fêter
l'aube d'une belle journée; de temps en temps, on aperçoit quelques-uns d'entr'eux s'élever en jet vertical au-dessus du sommet du
paysage pour faire entendre de plus loin et jeter aux échos leurs
chants d'allégresse, alors que d'autres traversent directement la
vallée d'une colline à l'autre pour varier les effets de leur partition
en se faisant entendre à des points différents du concert, tandis
que l'alouette, trop puissante musicienne pour daigner y prendre
part, perdue dans le bleu du ciel, laisse tomber du haut des nues

ses solos triomphants; tout en ce moment y semble en mouvement et chaque chose animée de la vie heureuse. Il vous semble voir, entendre se jouer dans le paysage, sous la conduite du dieu Pan muni de son syrinx, la troupe joyeuse des deités champêtres de la Grèce, évoquée à votre insu par l'imagination.

Sous l'influence reflexe de ces impressions d'animation et de vie extérieure, l'organisme physique vibre dans une sensation de bien-être nouveau, comme sous un ressort de vigueur nouvelle, de jeunesse renouvelée; une envie de mouvement, de marcher, d'agir, de courir même, s'empare de vous, et cet état physique se façonnant un moral concordant, on se sent l'âme joyeuse, on voudrait ne rencontrer que des hommes joyeux comme on sent l'être soi-même; on se sent content de soi-même et content des autres, porté à l'oubli des rancunes, même les plus légitimes, dispos à chanter, assis à un banquet d'amis, couronné de fleurs; on est heureux de vivre, on sent dans son âme que le dieu gai, bon et commode de Béranger est celui auquel on croit, que l'on aime; et l'on se dit que l'on est heureux que ce soit lui qui gouverne!

Mais plus tard, vers le soir, lorsque les Chau...es de Crage, projettent audelà du milieu de la vallée leur grande ombre qui enveloppe dans un voile sombre plus de la moitié du paysage, tandis que les rayons du soleil couchant colorent d'une teinte cuivrée le sommet de la colline opposée, alors tout change d'aspect : les arbres et la partie du paysage compris dans l'ombre prennent des allures fantastiques et, comme autant de fantômes, ont l'air de fuir vers le fond de la vallée, qui sans cesse parait aller se creusant en profondeur; alors, le dieu joyeux et un peu païen de Béranger a disparu, c'est la géante et sombre figure du terrible *Moloch* qui parait en possession des lieux et dont vous sentez venir à vous le souffle glacé qui vous saisit et vous enveloppe dans un suaire de tristesse ; ou tout au moins subissez-vous l'influence mélancolique des croyances des prophétes pleureurs de la Judée, parlant toujours des tourments d'un autre monde et jamais des joies de celui-ci. La très petite partie comprise entre cette dernière et celle qui l'avait précédée, épendue au-dessus et au-dessous de la fontaine des Bezines, le long de la route de Montmoreau, formée de quelques vergers seulement, veut être contemplée au cœur de l'hiver, alors que par un ciel gris et sans soleil, les grands bras étendus des arbres verts dont elle est principalement plantée, ployant sous le poids de la neige dont ils sont chargés, donnent un avant goût d'une petite vallée suisse ou de quelque étroit goulet des Alpes.

O vallée d'Angoulême! Tu as des séductions pour toutes les natures et je n'ai dit que celles qui s'harmonisent le mieux avec la mienne.

Vous ne l'avez peut-être jamais admirée, vous, les habitants de la cité, à qui ce privilège est permis tous les jours! A la riche simplicité de ses tableaux, à la splendeur de son illumination par le plein soleil, vous préférez les lambris de vos salons demi-clos où il ne pénètre jamais, et l'étalage éclairé au gaz de vos magasins de modes! A l'émouvante harmonie naturelle qui procède de la quadruple symphonie du murmure des eaux, du bruissement de la feuille agitée par le vent, du gazouillement des oiseaux et du langage simultané de tous les autres êtres de la création présents au concert, vous préférez, pressés les uns contre les autres, aspirant un air expiré mille fois de mille poumons, entendre dans une étroite salle, aux flambeaux ou les pieds dans la poussière sur le *Parc*, une harmonie de convention! . . . . .

C'est ainsi que l'homme blasé préfère au doux bonheur goûté au foyer dans l'intimité d'une épouse pudique, l'ivresse violemment provoquée et si cruelle au réveil, que l'on gagne dans les heures honteusement dévorées auprès des pauvres vierges folles.

Mais, moi qui l'ai tant aimée, je pense à elle et je la vois encore quand elle n'est plus là; j'évoque son souvenir, je me rappelle avec émotion nos longues conversations solitaires de ma jeunesse. Oh! je l'ai bien aimée! j'ai veillé pour elle, je me suis brûlé la peau au soleil, j'ai eu froid, je me suis levé la nuit, je l'ai aimée comme un amant aime sa maîtresse; j'ai fouillé ses charmes, je me suis ingénié à lui en découvrir d'inconnus comme l'amant en délire demande à des philtres damnés de remonter son énergie faiblissante à l'unisson de la fureur de sa passion! Et quand j'y songe aujourd'hui, après bien longtemps, je ne puis m'empêcher de sourire au souvenir du procédé original que j'avais découvert et que j'employais pour obtenir la quintessence du prestige de sa splendeur et centupler mon admiration d'adolescent. L'alourdissement physique, gagné au progrès des ans et des infirmités, ne m'a laissé de lui que le regret de ne pouvoir plus le mettre en pratique, mais du moins je puis vous le révéler: pour les dames, à cause du genre de leurs vêtements, et pour les hommes sur le retour un peu chargés d'embonpoint, il sera toujours d'une application assez difficile; je ne le conseillerai point aux vieillards dans la crainte des coups de sang et des attaques d'apoplexie, mais je le recommande à la jeunesse pour qui les exercices gymnastiques sont aussi attrayants qu'hygiéniques, en même temps que la souplesse du corps à cet âge les lui rend si faciles.

Voici en quoi il consiste : à l'un des points du pourtour demi-circulaire de la ville d'où la vallée peut se découvrir le mieux et paraît s'enfuir dans une perspective plus étendue : au rempart du Nord, de Beaulieu, de Saint-Pierre, du rond-point du Parc surtout, en plein midi, lorsque le soleil au zénit, dardant à pic ses rayons brûlants sur le plan de la vallée, vient mettre en vibration la couche d'air inférieure qui s'élève de la surface en petites ondulations tremblotantes, apparentes à l'œil, avec le reflet chatoyant d'une moire d'acier poli, debout sur le parapet du rempart ou vers les points où il n'existe plus, sur une chaise, un banc, une table, ou surtout autre meuble d'une certaine hauteur, le dos tourné au tableau, les jambes écartées, et faisant pivoter votre torse d'haut en bas comme sur une charnière, le long de l'axe fictif qui va d'un *grand trochanter* à l'autre, ou d'une hanche à l'autre, en traversant le bassin, inclinez-vous fortement en avant, inclinez-vous encore jusqu'à ce que la tête venant s'engager entre les deux jambes, au niveau des genoux, vos yeux soient tournés du côté où vous avez les talons, et que, contrairement à ce qui a lieu dans la manière ordinaire de regarder, vos regards tombent d'abord sur le ciel qui paraît former le fond du tableau, et ensuite sur la vallée qui se dessine et paraît s'avancer sur le plan antérieur..... Essaierais-je de peindre ce que vous voyez alors?... Ineffarable!... Mais je puis avancer hardiment que vous comprendrez en ce moment la possibilité de l'existence des bergers de Florian, et que s'ils pouvaient exister, c'est là, et ce n'est que là qu'ils le pourraient. Ne continuez pas trop longtemps, cessez avant que la fatigue ne gagne le corps, et le vertige l'esprit ; rentrez chez vous, et si vous êtes artiste et que vous puissiez jeter vos impressions sur la toile, vous pourrez défier toutes les générations passées, présentes et futures de peintres paysagistes ; et pour représenter un panorama au niveau des splendeurs de celui dont, au jour du jugement dernier jouiront les élus du haut de la vallée de Josaphat, vous n'avez point besoin d'aller établir votre chevalet, ni sur les pics des Antilles, ni sur le penchant ouest du Devaladjiry, ni sur le versant oriental des Cordillières, ni sur le pont du vaisseau portant pavillon amiral aux trois couleurs de France, en traversant au bout du monde l'océan pacifique en vue des côtes qui bordent la mer bleue du Japon!...

Mais, ô vallée, quoique je puisse dire, et bien d'autres, toujours les charmes seront au tableau qu'on en pourra faire ce que la brillante illumination du soleil est à la lumière de la pauvre bougie de résine qui essaie de la remplacer quand il n'est plus visible.

(51) Le commencement méridional de la vallée d'Angoulême.

(52) Les grottes de Saint-Marc : nous en avons fait la retraite de la sorcière Mélusine qui tient une si large place dans la légende, sans nous être assuré de n'être point sorti de la version poétique ; mais quand il s'agit de légendes fabuleuses, nous croyons que les anachronismes et les écarts topographiques importent bien peu. Le Tasse ni Virgile ne s'en sont point gênés.

(53) Le ruisseau de l'Anguienne qui serpente tout le long de cette portion de la vallée : à vrai dire, cette eau est au contraire très limpide jusqu'à la fontaine des Bezines et ne commence à devenir puante qu'au point où elle reçoit les immondices de la ville.

(54) L'ouverture méridional du tunnel d'Angoulême par où s'engagent les trains venant de Bordeaux.

(55) L'ouverture nord du même tunel du côté de Paris.

(56) L'Isle-d'Espagnac et Chaumontet, renommés par leurs fêtes patronales, où l'on se dispute le prix de la course monté sur des ânes ou enfermé dans des sacs.

(57) La vallée de la Touvre.

(58) Les ruines du château de Ravaillac sur la colline de l'Est, dont le plateau s'étend au loin dans cette direction et fournit sur

son versant nord l'assiette de la forêt de la Braconne traversée par
la route de Limoges.

(59) Deux petites rivières qui, après avoir pénétré des départements
de la Dordogne et de la Haute-Vienne sur celui de la Charente,
la première près de Souffrignac dans le canton. de Montbron; la
seconde au pont *Bouchaux* près de *Lavallade* de Roussines. dans
le canton de Montembœuf, s'infiltrent à mesure qu'elles avancent
à travers le sol de leurs vallées, formé des éboulements millen-
aires des collines calcaires qui les entourent: diminuent peu à peu
et finissent par disparaître insensiblement : la première sur la
lisière nord-d'est de la forêt de la Braconne. la seconde. dans la
même direction mais un peu plus au nord-est. près de Coulgens,
au lieu dit de l'Age-Batto.

(60, Les géologues supposent, non sans fondement. qu'elles se
réunissent avec le produit d'un certain nombre de bétoires, situés
sur le territoire des cantons de La Rochefoucauld et de Montbron,
en un lit souterrain commun, pour aller former au pied de la colline qui supporte les ruines du château de Ravaillac, la fontaine
de La Lèche et les sources bouillonnantes et mystérieuses qu'on
appelle les gouffres de la Touvre, lesquelles forment seules le volume de cette rivière qui alimente la superbe usine de Ruelle, à
quelques kilomètres de là.

(61) La fonderie de Ruelle.

(62) L'élégante et coquette ville d'Angoulême. Je me rappelle
qu'au temps où j'étais au collège, le bon vieux M. Letourneur nous
expliquait ainsi l'étymologie probable du nom d'Angoulême.
« Après les invasions romaines dans les Gaules, les populations
ayant subi avec les lois de la conquête le langage du vainqueur,
parlaient un mauvais latin dans presque tout le pays. Quand les habitants de la vallée allaient sur le promontoire où est située
aujourd'hui la ville, et qui était occupé alors par des hameaux qui
devinrent plus tard des fortifications. ils disaient qu'ils allaient *in*

collem ; puis à mesure que le langage romain se corrrompit, on disait *in gollem,* puis *en goulem* d'où finit par sortir le mot Angoulème. »

(63) Mon ancien et spirituel camarade Albéric Second, dont j'ai eu la chance et le plaisir de serrer la main le 28 août dernier, après 32 ans de séparation.

(64) On a découvert, il y a quelques années, dans une crypte située au flanc nord du rocher de Beaulieu, des ossements humains dans lesquels on a voulu reconnaître les restes mortels de saint Cybard, et l'évêque d'Angoulème y a fait consacrer une petite chapelle votive.

C'est au pied de ce promontoire sur lequel s'élève la ville, dans la vallée qui l'entoure devant, à droite, à gauche, dans les faubourgs, que se trouvent répandus les jardins maraichers, fruitiers de la Cité, cultivés par un grand nombre de jardiniers dont quelques-uns sont arboriculteurs, principalement au faubourg Saint-Cybard.

(65) Il est bien entendu que ces expressions *génie des ténèbres, lieutenant du génie du mal,* etc., etc., etc., n'ont nullement pour but de décrier le personnel extrêmement honorable de ces honnêtes citoyens, ni d'amoindrir leur mérite de praticiens que nous avons eu l'occasion d'apprécier et qui est tout-à-fait à la hauteur de la science acceptée et des méthodes connues jusqu'à ce jour, c'est seulement l'insuffisance de celles-ci que nous avons entendu signaler.

(66) *Saint-Martin,* faubourg dans la vallée de l'Anguienne, traversé par le chemin de fer.

M. Vallantin, l'excellent et hospitalier maitre d'hôtel, à Angoulème, qui possède dans ce faubourg un magnifique jardin fruitier, admirablement conduit, mais d'après l'ancienne méthode, par un jeune homme qui nous a paru fort intelligent, doit en consacrer une partie à l'application de la nouvelle méthode, dont lui et son jardinier sont enthousiasmés.

(67) *Saint-Roch*, faubourg d'Angoulème, à l'extrémité nord-est où, dans un gentil petit jardin qu'il vient d'y créer, M. Baillarger, libraire, se propose de conduire lui-même ses arbres d'après la méthode nouvelle, émerveillé qu'il est, m'a-t-il dit, de l'avoir comprise en quinze minutes d'explication et de se sentir en état de la mettre en pratique sans autre étude, lorsqu'après un an de leçons des maîtres il n'était pas, m'a-t-il avoué lui-même, capable de bien conduire la plus simple des formes enseignées par eux.

(68) Les lettres dont la plupart des amateurs et des jardinisrs illustrent aujourd'hui les murailles de leurs jardins. Nous avons déjà donné plus haut, dans ce livre, notre opinion sur la non valeur et la puérilité prétentieuse de ce dévergondage de l'arboriculture du jour, qui est à la beauté et au mérite de l'arbre conduit suivant l'entente intelligente de la végétation, ce que l'accoutrement bizarre sous lequel la mode déguise et fait disparaître la femme, est à la *séduisance* toute native et comme florale du vêtement antique, voilant simplement et accusant à la fois les charmes l'édéniens de la compagne de l'homme.

(69) *Angers,* renommée par ses pépinières qui, jusqu'à présent, ont été les principales sources où se sont approvisionnés les jardiniers de la Charente et d'une grande partie de la France : on en expédie des arbres tout formés; j'ai vu des palmettes à cinq ou six paires de bras qui en provenaient et dont la reprise avait parfaitement réussi, tant elles avaient été déplantées et expédiées avec soin.

(70) La belle *Angevine,* très grosse poire, qui n'est bonne que cuite, et encore avec du sucre.

(71) Paris.......

(72) Plaine fertile des environs de Paris.

(73) Montreuil, près Paris, célèbre par ses cultures du pêcher
que M. Lepère a portées à une perfection aussi finie que le compor-
taient les méthodes connues jusqu'à ce jour. On y a obtenu sous
le nom de pêche *noire de Montreuil* une espèce très estimée.

ERRATA

———

S'il est une chose étrangère, répugnante, antipathique à notre nature, antipodale de nos habitudes, une erreur dont nous devions pouvoir nous croire certains d'être à l'abri, une faute dans laquelle nous pouvions nous croire autorisés à jurer qu'il nous fût possible de tomber jamais, une faute incommettable pour nous, c'est le préjugement ; un jugement porté sans avoir été étiré au laminoir inflexible de la logique de fer et de la certitude d'acier ! Eh bien, ô vanité, ô inanité de la présomption de l'homme ! eh bien, nous, cet amant passionné, fanatique, frénétique du vrai, nous avons dit de la *lisette verte* (p. 115) que c'était elle qui coupait les jeunes pousses des arbres à fruits, parce que nous l'avions surprise sur une de ces jeunes pousses au moment où celle-ci, venant d'être coupée, vacillait et tombait.... Comme si un autre, vrai coupable, ne pouvait pas s'être enfui et dérobé à nos regards.... (et c'était vrai).

Et toi, pardonne, ô jolie lisette émeraude, si je t'ai traitée comme il fut fait de la cigale surprise en mauvaise compagnie ! Pardonne, si je t'ai calomniée en t'accusant de crimes dont tu es incapable !... C'était une *noire*, ou une *grise*, ou une *bleue*, qui l'avait fait avec ses ciseaux ; et toi, tu n'es pas même outillée pour cela ! Mais peut-être n'en vaux-tu guère mieux.

Page 10, ligne 10. Au lieu de *3 et 9*, lisez *3 à 9*.
Page 46, ligne 24. Au lieu de *l'éclipse*, lisez *l'ellipse*.
Page 50, ligne 11. Au lieu de *traces*, lisez *faces*.
Page 65, ligne 8. Au lieu de *rigueur*, lisez *rigueur*.
Page 69, ligne 13. Au lieu de *E... X*, lisez *C... X*.
Page 84, ligne 6. Au lieu de *A vous*, lisez *Ô vous*.
Page 84, ligne 16. Au lieu de *encore*, lisez *encor*.
Page 84, ligne 24. Au lieu de *séjour*, lisez *le jour*.
Page 86, ligne 24. Au lieu de *vivantes*, lisez *vivant*.
Page 86, ligne 9. Au lieu de *mélangés*, lisez *mélangées*.
Page 89, note A. A lieu de *j'entend*, lisez *j'entends*.
Page 96, ligne 1. Après *fort*, lisez *architecte*.

Page 97, strophe IV, lisez ainsi :

> Mais qu'un autre flâneur, sans goût de travailler,
> S'endorme sous l'ombrage
> Du noyer : « S'il allait attraper *froid et chaud !*
> Etc., etc.

Page 98, strophe VI. Après ce vers : **A l'herbe qui s'agite,**
lisez : « Quel est ce petit traître!

Page 98, strophe VIII, huitième vers. Au lieu de *bergères*, lisez *bergère.*
Page 93, strophe XI. Après le cinquième vers, lisez :

> Que Psylle ou que Sarpède en nos forêts domine.

Page 109, ligne 27. Au lieu de *vous voir*, lisez *voir,*
Page 113, ligne 15. Au lieu de *retenues*, lisez *retenue.*
Page 119, ligne 30. Au lieu des D... H... M... S..., etc., lisez des A..., Z.
Page 155, ligne 14. Au lieu des *empourpre*, lisez *empourpres.*
Page 159, ligne 7. Au lieu *de ce que*, lisez *de ce qui.*

TABLE DES MATIÈRES

PREMIÈRE PARTIE.

DEUXIÈME PARTIE.

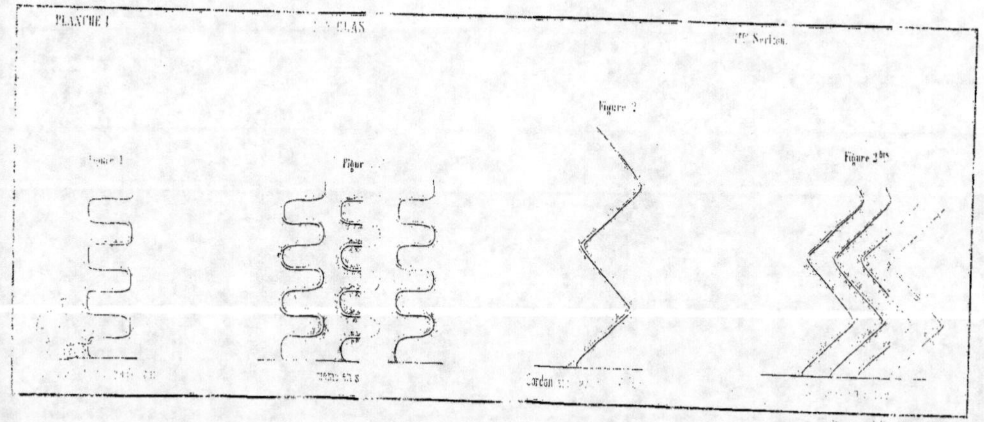
PLANCHE I
CLAS
1re Section.
Figure 1
Figur
Figure 2
Figure 2 bis
Cordon

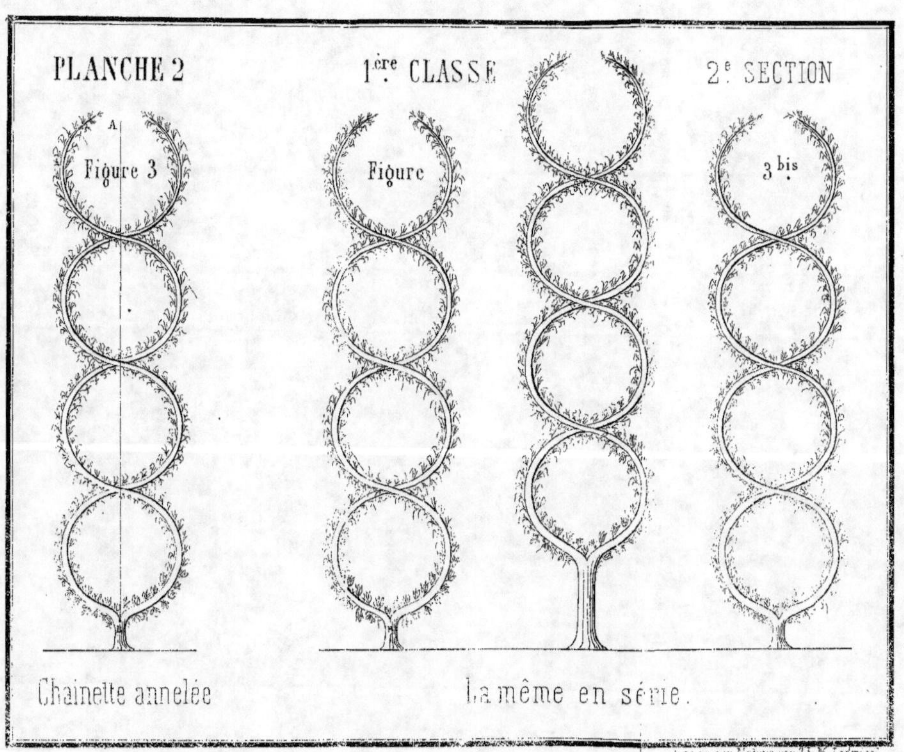

PLANCHE 2
1ère CLASSE
2e SECTION
Figure 3
A
Figure
3 bis
Chainette annelée
La même en série.

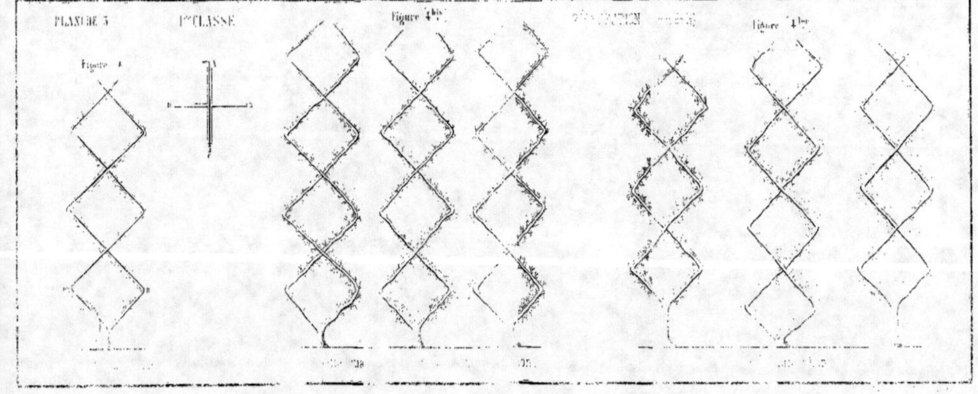

PLANCHE 5
1re CLASSE
Figure 4bis
Figure 4ter
Figure 4

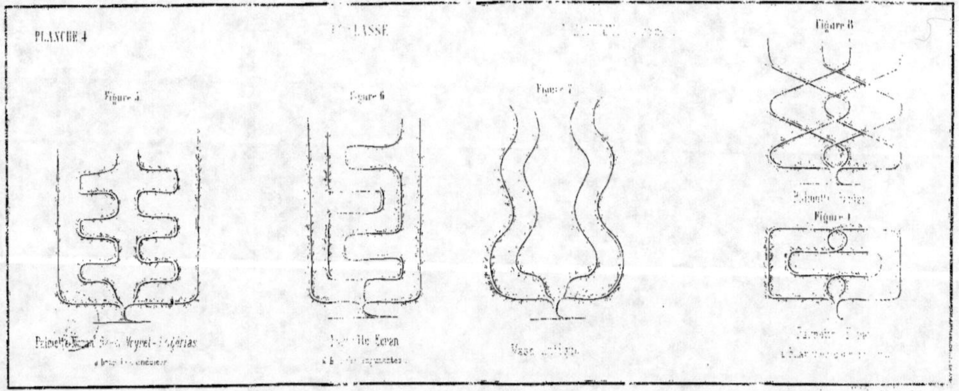

PLANCHE 4
1re CLASSE
Figure 5
Figure 6
Figure 7
Figure 8
Figure 9
Palmette Jonon avec Meyret-Ségérias
à branches conductrices
Palmette Sevan
à branches augmentées
Vase Jonon
Palmette Sevan
Figure 4
Palmette Sevan
à branches conductrices

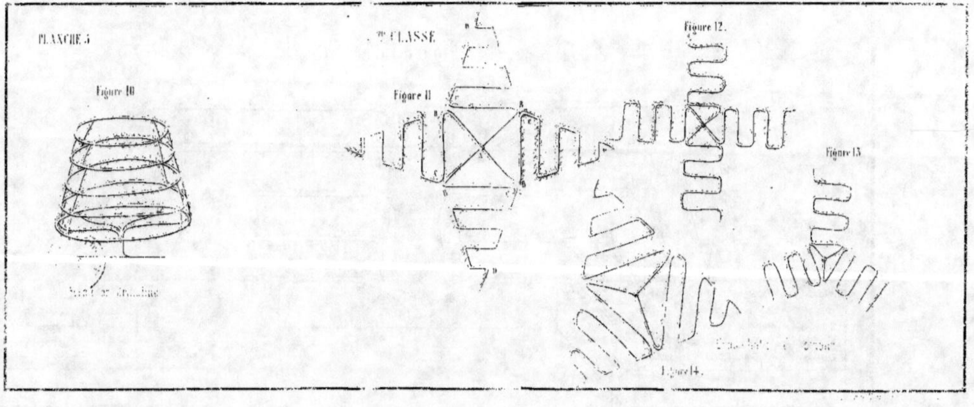

PLANCHE 5
3e CLASSE
Figure 10
Figure 11
Figure 12
Figure 13
Figure 14

Figure 15.

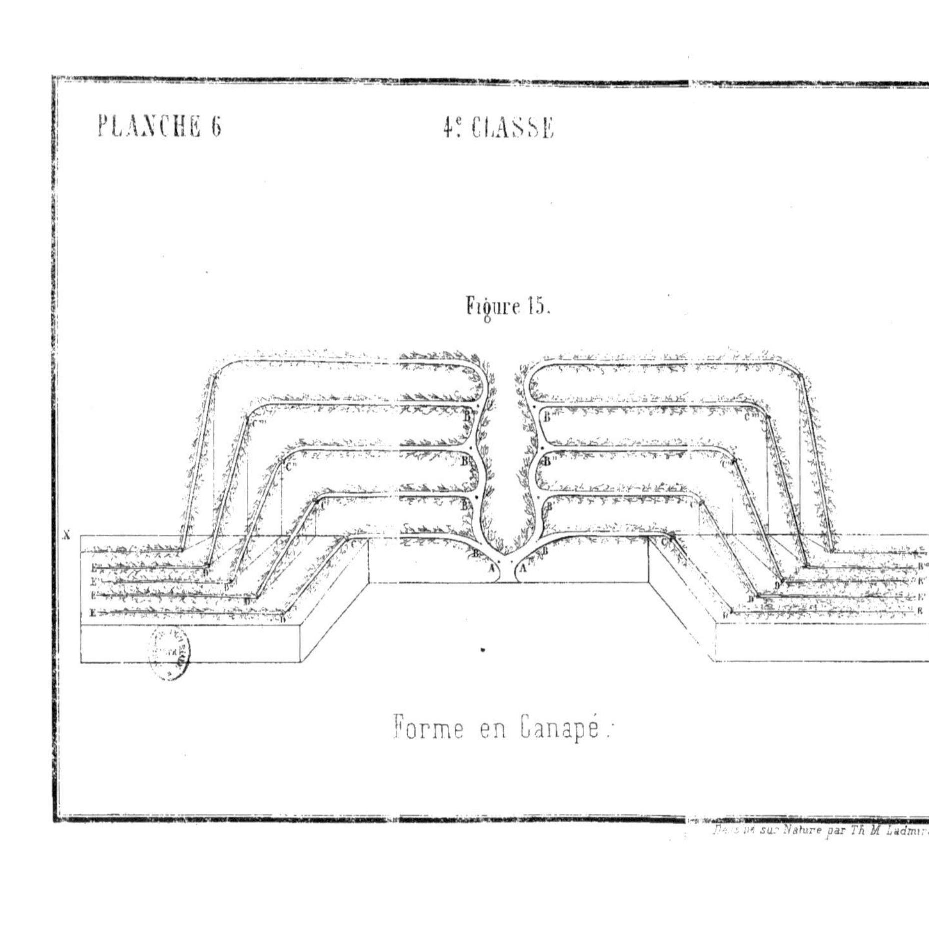

Forme en Canapé.

Dessiné sur Nature par Th. M. Ladmiral